言語聴覚士のための
音響学

今泉 敏 著

Speech-
Language-
Hearing
Therapist

医歯薬出版株式会社

執筆者

今泉　敏（県立広島大学名誉教授／東京医療学院大学客員教授）

This book was originally published in Japanese
under the title of :

GENGOCHOUKAKUSHI NO TAMENO ONKYOUGAKU
(Acoustics for Speech-Language-Hearing Therapist)

IMAIZUMI, Satoshi
　　Emeritus Professor, Prefectural University of Hiroshima
　　Visiting Professor, University of Tokyo Health Sciences

© 2007 1st ed.

ISHIYAKU PUBLISHERS, INC.
　7-10, Honkomagome 1 chome, Bunkyo-ku,
　Tokyo 113-8612, Japan

序文（音を多面的に考える）

　人の声，電話のベル，車の接近音，小鳥たちの歌，身の回りに満ちている音は，空気の振動という物理的現象でもあり，大きさや高さ，音色など聴覚を介した心理的現象でもある．情報を伝える信号でもある．

　誰もいない山の中で崖から岩が転げ落ちた場面を考えてみる．転げ落ちる岩の動きが空気中に振動を引き起こし，この振動が伝搬して周囲に広がる．これは物理的現象としての音である．誰も聞いていなければ単なる振動として終わるだろう．たまたま近くにいた人がその振動を感知して大きな音を聞いたとすればそれが心理的現象としての音である．感知するためにはむろん内耳や聴覚神経伝達路，脳で生じる神経生理学的現象が重要である．さらに音を感知した脳はその意味をとらえるだろう．「落石だ，危険だ，逃げよう」と感じたとすれば，それは音を解釈して取り出した情報ということになる．生物にとって環境それ自体やそこで起こる現象は情報なのである．「危険」という情報をとらえるためにはそんな音がどんな状況で生じうるのか無意識的にも知っているか，予測できることが前提になる．

　聴覚をもつ動物たちは，環境からの信号として音を受け取り，そこで何が起こりつつあるかを時々刻々解析している．なかでも人は音を言葉の記号単位として活用し様々に組み合わせて多様な情報を表現し伝達するシステムを築き上げてきた．本書の目的は音の信号としての性質を述べ，音がどのように情報を運ぶのか，音と言葉の関係について学ぶことである．

　音響学ではふつう音の物理と心理を扱っている．音の物理を扱う教科書は音源や音の伝播，反射の仕組みなどを多彩な数式を用いて詳細に記述している．言語音声の音響的特性を理解するためにも重要な側面である．一方，音の心理を扱っている教科書は大きさ，高さ，音色の知覚など，音が引き起こす心理的属性を記述している．聴覚や聴覚検査法の理解には欠かせない側面である．本書では言葉の理解に不可欠な音の信号と情報という側面を強調していくことにする．

　信号として音を扱うということは，情報を運ぶ特性を重視するということである．音に限らず信号は後に示すように波形やスペクトルなど，図式的にかつ数式的に表現できる．図や数式は音の理解をおおいに助けるものである．本書ではしかし数式はほとんど使用しなかった．数式に凝縮された意味を理解するためには数学的素養を必要とするし，数式の理解が本質の理解とは限らないと考えたからでもある．

　情報を信号が伝え得る「意味」ととらえるなら，信号と情報の対応は複雑である．「おばさん」と「おばーさん」という音声信号の意味を正しく聞き分けるためには，日本語音声を理解する脳が前提となっていることは明らかである．同じ信号でも伝達される情報は受け手に依存して変化

しえる．同じ信号，同じ受け手であっても状況や文脈によってその意味が変わるということも起こりえる．一方，発話者が若年者でも高齢者でも男でも女であっても，またどんな感情を込めた発話であっても，「おばさん」という発話はそれが標準的な範囲内にあれば「おばさん」という言語情報を伝える．つまり音としては相当に違っていても共通の情報を伝えることもできる．このように信号と情報の関係が複雑なのは，音に限らず信号から取り出される情報は受け手と信号の関わりや受け手のもつ知識，認知機構に深く依存するからである．

　本書では音に関する上記のような奥深い諸分野を理解するために必要な基本的な概念を説明していくことにする．

2007 年 1 月

今泉　敏

目 次

序文 …………………………………………………… iii

第 1 章　音の物理入門　　1

1. 音源と音波伝播 …………………………………………………… 2
2. 音圧 …………………………………………………… 4
3. 音波の波形表示 …………………………………………………… 4
4. 振動の原理 …………………………………………………… 5
5. 音のエネルギーと音の強さ …………………………………………………… 7
6. 単振動の周波数 …………………………………………………… 7
7. 共鳴の考え方 …………………………………………………… 9

第 2 章　信号としての音波　　11

1. 純音 …………………………………………………… 12
2. 周波数，振幅，位相の 3 要素 …………………………………………………… 13
3. 純音はなぜ重要か？ …………………………………………………… 14
4. 複合音 …………………………………………………… 15
5. 実効値 …………………………………………………… 16
6. デシベル …………………………………………………… 17
7. 様々なレベル表示 …………………………………………………… 18
8. デシベルの利点 …………………………………………………… 19

第 3 章　スペクトル　　21

1. 純音のスペクトル …………………………………………………… 22
2. 周期音のスペクトル …………………………………………………… 23
3. 線スペクトル …………………………………………………… 25
4. 雑音のスペクトル …………………………………………………… 26
5. スペクトル傾斜 …………………………………………………… 28
6. スペクトル包絡 …………………………………………………… 29
7. 時間窓で切り出した音のスペクトル …………………………………………………… 31

| 8 | 時間分解能と周波数分解能 ·· | 32 |
| 9 | サウンドスペクトログラフ ·· | 34 |

第4章　伝達関数　　　　　　　　　　　　　　　　　　　　　37

1	線形システムの伝達関数 ··	38
2	フィルタ ··	39
3	極と零 ··	40
4	聴覚フィルタ ··	41
5	非線形システム ··	41
6	周波数応答とインパルス応答 ··	42

第5章　音声生成の音響学　　　　　　　　　　　　　　　　　43

1	母音生成のソース・フィルタ理論 ··	44
2	有声音源 ··	45
3	共鳴の仕組み ··	48
4	音圧の節と腹 ··	49
5	粒子速度の節と腹 ··	50
6	1/2波長音響管 ··	51
7	ホルマント周波数を決める声道の断面積関数 ··	51
8	声道の伝達特性 ··	52
9	基本母音の伝達特性 ··	54
10	アンチホルマント ··	55
11	子音の生成モデル ··	55

第6章　音のデジタル信号処理　　　　　　　　　　　　　　　59

1	声の音声分析 ··	60
2	アナログ信号とデジタル信号 ··	60
3	量子化と量子化雑音 ··	62
4	パワースペクトル ··	63
5	デジタルサウンドスペクトログラム ··	65
6	ホルマント周波数の解析 ··	66
7	基本周波数の解析 ··	67

第7章 日本語音声の音響的特徴　　　　　　　　　　69

1. 音声表記と音韻表記 ……………………………………………… 70
2. 日本語で使われる言語音の音響的特徴：母音 ………………… 70
3. 日本語で使われる言語音の音響的特徴：子音 ………………… 72
4. 言語音を特徴づける音響的特性 ………………………………… 78
5. 調音結合（coarticulation） ……………………………………… 79
6. 超分節的特徴 ……………………………………………………… 81
7. 声質 ………………………………………………………………… 83
8. 男女，子ども，性差の問題 ……………………………………… 84
9. 個人性 ……………………………………………………………… 84

第8章 病的音声の音響的特徴　　　　　　　　　　85

1. 声帯振動と声質 …………………………………………………… 86
2. GRBAS尺度 ……………………………………………………… 88
3. 病的音声の音響的特徴 …………………………………………… 88
4. 話し言葉の障害に関連する音響的特徴 ………………………… 91

第9章 聴覚の基本構造　　　　　　　　　　93

1. 伝音系の機能 ……………………………………………………… 94
2. 感音系の機能 ……………………………………………………… 94
3. 聴神経の反応特性 ………………………………………………… 97
4. 耳から聴覚皮質までの構造と機能 ……………………………… 99

第10章 聴覚フィルタとマスキング　　　　　　　　　　101

1. 同時マスキング …………………………………………………… 102
2. 臨界帯域 …………………………………………………………… 102
3. 聴覚フィルタ ……………………………………………………… 104
4. 聴覚フィルタの生理的基盤 ……………………………………… 104
5. 同時マスキングの機構 …………………………………………… 105
6. 周波数と聴覚フィルタ …………………………………………… 105

⑦ 内耳障害と聴覚フィルタ	106
⑧ 共変調マスキング解除	106
⑨ 非同時マスキング	106

第11章　音の大きさの知覚と認知　　109

① 音の大きさの知覚：絶対閾	110
② 音の大きさの等感曲線	110
③ 音の大きさ（loudness）	112
④ 強さの変化の検知	113
⑤ 補充現象	113
⑥ 聴覚順応と聴覚疲労	113
⑦ 音の大きさと聴覚フィルタ	114

第12章　音の高さの知覚と認知　　115

① 音の高さの心理的尺度	116
② 場所説と時間説	116
③ 周波数弁別閾（frequency difference limen）	119
④ 音色	119
⑤ 空間知覚	120
⑥ 知覚的体制化	121
⑦ 時間パタンの構築	122
⑧ 知覚的体制化の原理	123

第13章　音声の知覚と認知　　125

① 範疇的知覚（categorical perception）	126
② 音響的不変量	128
③ プロトタイプ（prototype）	129
④ 選択説と学習説	129
⑤ 運動説と聴覚説	130
⑥ 語や文の属性と音声知覚	130
⑦ 音声知覚の神経回路網モデル	131

第 14 章　実習課題　133

1. 母音生成時の声道伝達関数 …………………………………………………… 134
   - ❶ 概要　134　　❷ 課題 1-1.　134　　❸ 課題 1-2.　135
2. 母音の音響分析 ………………………………………………………………… 136
   - ❶ 実習　136　　❷ 課題 2-1.　138　　❸ 課題 2-2.　138
3. 子音の音響的特徴 ……………………………………………………………… 139
   - ❶ 実習　139　　❷ 課題 3-1.　140
4. プロソディの分析 ……………………………………………………………… 141
   - ❶ 実習　141　　❷ 課題 3-2.　142

　　参考文献 ………………………………………………………… 145
　　本書で参考にした音声分析・合成ソフトウエア ……………… 146
　　本書で参考にした音声データベース …………………………… 147
　　和文索引 ………………………………………………………… 149
　　欧文索引 ………………………………………………………… 151

第1章

音の物理入門

Speech-
Language-
Hearing
Therapist

第1章

音の物理入門

　音が情報を伝達できるのは，音源の特性や音の伝播経路に応じて音の聴こえが変化するからである．話し言葉では，喉頭を調節して音源特性を調節し，口や唇，顎を動かして口腔内の音波伝播の様相を変えて様々な言語音声を作り出し，情報を伝えている．本章では，音源と音波伝播の物理に関する基本的な概念を学ぶ．

I　音源と音波伝播

　まず基本的な例として図1-1に示す音叉の振動による音の発生と伝播を考えてみる．
　音叉は，振動数や振動波形が精密に調節されているU字型の振動子で，ピアノの調律や聴覚の検査などで基準音源として使われる．図1-1に示すように，音叉の振動は正弦波形に近いもので，純音という特別な音を発する．「純音」は，混じりけの無い純粋な音，単一の高さをもった音であり，後に述べるようにあらゆる音の構成要素として基本的な音である．
　一方，音叉の周囲にある空気は小さな空気粒子（空気の微小な固まり）が互いにバネでつながったものだと考えることができる．たとえば，膨らんだ風船を押しつぶすと強い反発力を感じるだろう．この力は風船のなかの空気が圧縮しようとする手の力に対抗して元の形に戻ろうとするために生じる．空気粒子をつなぐバネが圧縮されたことに反発して元に戻ろうとしたのである．変形に反発して元の状態に戻ろうとする物質の特性は弾性と呼ばれ，この弾性と物質の質量（重さ）が音を生み出し伝播する源になる．
　図1-2を考えてみよう．(a)で，音叉が振動して空気粒子4を左へ，5を右へ押し出

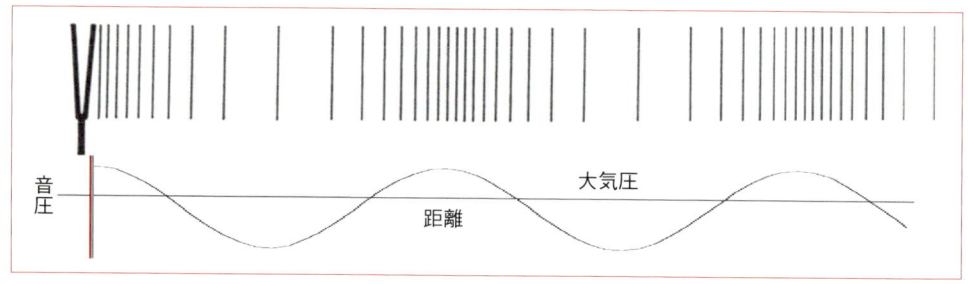

図1-1　音叉の振動による音
　大気圧で互いに押し合い釣り合って静止している空気中で音叉が振動すると，周辺の空気を振動させる．それによって空気中には大気圧より圧の高い部分と低い部分ができ，音ができる．この大気圧の変化分を音圧という．上の図では縦線が密集しているところは空気粒子が密で音圧が高く，疎な部分は空気粒子が疎で音圧が低いことを表す．

したとする．そのとき空気粒子3と6は急には動けないから3と4，5と6をつなぐバネが縮むことになる．縮んだバネは元に戻ろうとして空気粒子4，6を右に，空気粒子3，5を左に押し出す．すると次の瞬間（b）に示したように2と3をつなぐバネと4と5，6と7をつなぐバネが縮む．こうしてバネの縮みと空気粒子の左右方向への運動が次々と左右方向に伝搬していく．

　音叉のように振動を生み出す源を音源，空気のように音を伝える物質を媒質と表現する．音波は音源で生成され媒質中を伝搬していく振動である．音叉のような固体の振動ばかりでなく，チューブから激しく噴出する乱気流やダイナマイトの破裂によって生じる急激な気圧の変化なども音源になりえる．また，空気に限らず，水などの液体でも，骨のような固体でも，音波が伝搬する媒質になる．

　図1-2に示すように，空気粒子は同じ場所で往復運動をするのであって，空気粒子そのものが一方向に移動していく必要はないことに注意しよう．空気粒子が一群となってある方向に移動するのは風であって音ではない．空気粒子の振動が近接する空気粒子にドミノ倒しのように連鎖的に伝搬していくのである．実際，空気粒子は 10^{-8} m，つまり1/100,000,000 m程度の範囲でしか振動しないのに対して，振動の連鎖的伝搬，つまり音波は空気中なら1秒間に約340 mも進行する．

　音波が1秒間に伝播する距離を音速といい，媒質の弾性と密度によって決まる．弾性とは図1-2で考えると，バネに単位長（1 m）の変形を引き起こすのに必要な圧力のことで，バネの硬さに対応する．一方，密度は単位体積（1 m^3）当りの媒質（空気粒子）の

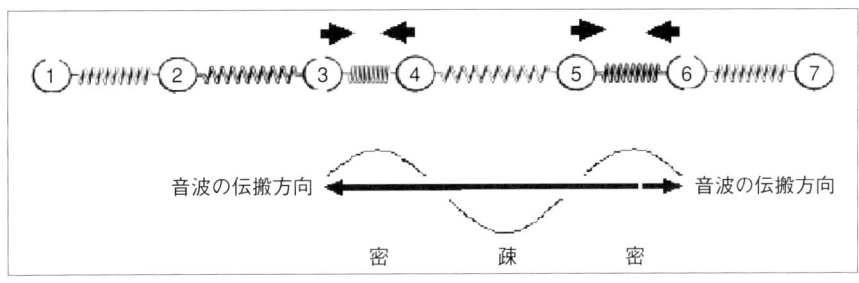

図1-2（a）　空気粒子3と4，5と6が近づくとその部分の密度が上昇し，4と5が離れて密度が下降する．それに伴って，空気の圧力（音圧）が上昇する部分（密）と下降する部分（疎）ができ，疎密波が生まれる．

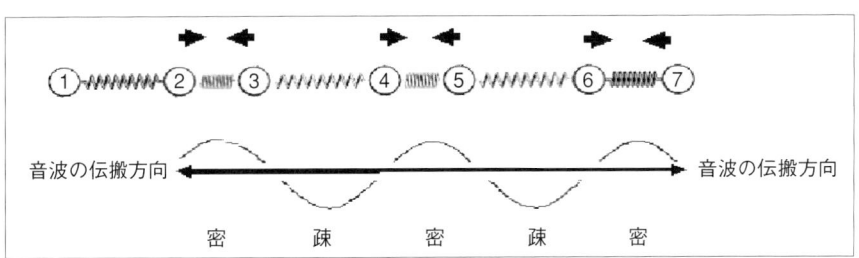

図1-2（b）　（a）の次の瞬間には，空気粒子2と3，4と5，6と7が近づき密になり，3と4，5と6が離れて疎になる．音波（疎密波）が左右に伝搬する．音波の伝搬方向と空気粒子の振動方向は一致する．空気粒子の振動速度を粒子速度，空気粒子が互いに押し合う圧力のうち大気圧からの変化分を音圧という．下図の水平線が大気圧を表し，上下に波打つ曲線が音圧の変化を表す．上部の矢印は粒子速度の大きさを表す．

質量である．質量は媒質の量を意味し，地球の重力を掛け算するとその媒質の「重さ」になる量である．より硬くより軽い媒質中の方が音波はより速く進行する．空気中の音波では温度が上昇すると弾性率も密度も変化して音速は上昇する．

空気中の音波のように空気粒子の振動方向と振動の伝搬方向が同じ波は縦波と呼ばれる．これに対して水面の波のように，水面自体は垂直方向に振動して，波は水面と平行に進行する場合もある．このような波は横波と呼ばれている．

2 音圧

空気粒子は引力によって地球に引き寄せられているため地表に近いほど密度が高くなっている．地表の $1\,\mathrm{m}^3$（横 $1\,\mathrm{m}$，縦 $1\,\mathrm{m}$，奥行き $1\,\mathrm{m}$ の立方体）の空間には空気粒子が約 2.6×10^{25} 個も密集しており，$1.3\,\mathrm{kg}$ の重さがある．密集した粒子群は互いに押し合っているため，地表の空気には大気圧として 101,325 パスカルという大きな静圧がかかっている．パスカルは圧力をはかる単位で Pa と表現される．100 Pa を 1 単位としたヘクトパスカル（hPa）が大気圧の変動を表すのによく使われており，1 気圧は 1013.25 ヘクトパスカル，台風が来たときの低気圧は 940 ヘクトパスカルなどと放送されるので身近であろう．

大気圧そのものは音ではなく，大気圧に生じる振動状の変化分だけが音として知覚される．このような変化分を音圧（sound pressure）という．図 1-1 の縦軸が音圧となっているのはそのためである．健康な聴覚をもっている人（健聴者）は，大気圧 100,000 Pa と比較すると約 50 億分の 1 から 5,000 分の 1 程度の範囲の圧力変化を音として知覚できる．言い換えると，健聴者は約 20×10^{-6} Pa からその 1,000,000（10^6）倍程度の音圧範囲を音として知覚する．この範囲より大きくなると痛覚など音以外の感覚を生じ，聴覚にとって危険な大きさの音圧になる．また，健聴者は，1 秒間に 16 回から 20,000 回程度の速さで繰り返される振動状の変化を音として知覚する．

3 音波の波形表示

音源から発した音波は秒速 $340\,\mathrm{m/s}$ 程度の速さで周囲に進行していく．この音波は進行波と呼ばれる．図 1-3 は進行する音波の音圧がある瞬間にどのように空間分布しているかを示したものである．たとえば 680 Hz で振動する音叉から発した音波だとすると，1 秒間に進行する距離 340 m の間に 680 回同じ波形が繰り返されることになるから，1 回の振動は距離にして 0.5 m（＝音速/振動数）になる．この 1 周期分の長さは波長で，λ と表現される．1 秒当りの振動数 f は周波数で，Hz（ヘルツ）という単位で測定される．波長が 1 秒間に周波数 f だけ繰り返されると音速の距離だけ進行するのだから，波長×周波数＝音速（$\lambda \times f = c$）となる．したがって，音速が一定なら，周波数が低ければ波長は長く，逆に周波数が高ければ波長は短くなる．図 1-3 のように音波は音源からその周辺に進行していく波として，位置と音圧の関係が時間とともに変化していく過程としてとらえることができる．

進行波は空間の条件が変わらなければ減衰しつつもそのまま進行し続ける．しかし，進行する空間の断面積が変化したり，進路に壁や山があったり，媒体が空気から水などに変化したりすると，変化が起きた境界面で一部が反射されて戻ってくる音波，一部は透過し

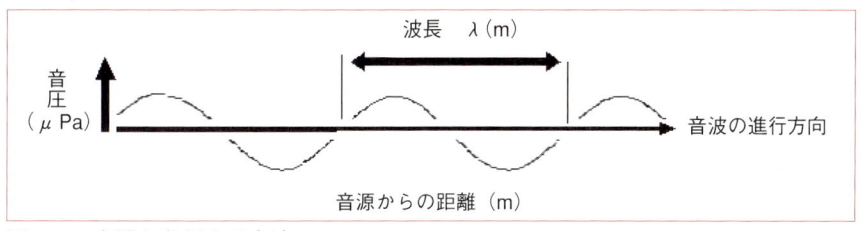

図1-3 空間を進行する音波
　音波は音源から進行する疎密波である．縦軸の0は大気圧を表し，音圧は大気圧からの変化分である．

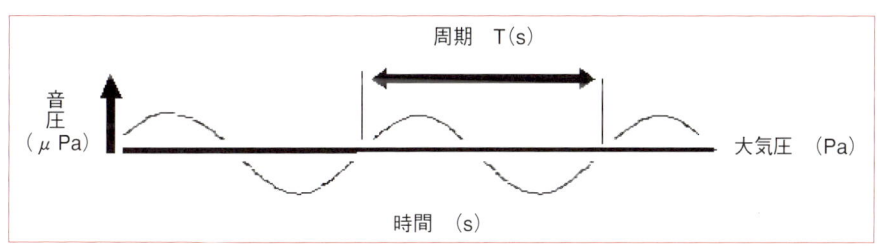

図1-4 ある場所に固定したマイクロホンで記録した音波
　この場合，音波は時間の関数で，縦軸の0は大気圧を表し，大気圧からの変化分が音圧である．

て進行する音波に分かれる．音波が山肌で反射されて戻ってくる「やまびこ」は山がどれだけ遠いかを実感させてくれる．反射は空間の特性を伝える重要な現象である．

　厳密には音速は気温によって変化する．気温が0℃のとき331.5 m/sで，1℃上昇するごとに0.61 m/sだけ速くなっていく．音速は空気の弾性と密度の比の1/2乗で決まる値で，気温が上昇すると密度が低下し音速が上昇する．14℃で340 m/s，体温の37℃で354 m/sである．

　一方，音叉からある距離だけ離れた位置にマイクロホンを置いて音圧の時間変化を記録すると，図1-4のようになる．この図は横軸が時間，縦軸が音圧で，ある場所で音圧が時間とともにどう変化するかを示す．1秒間に振動する回数が周波数f，1回振動するのにかかる時間が周期Tである．周期Tをf回繰り返すのに1秒かかるわけだから，$T \times f = 1$，つまり$f = 1/T$である．周波数が低ければ周期は長く，逆に周波数が高ければ周期は短くなる．

　音波はこのように音圧が時間と位置に応じてどう変化するかを表す図や関数で表現される．つまり一般に音波は時間tと位置(x, y, z)の関数として扱われる．図1-3のように時間を固定して，音圧を位置の関数として表現する方法は音波の伝搬を調べるときに使用される．この方法は口腔内での音波伝搬や声道の共鳴を考えるうえで有用で5章で詳しく述べることになる．一方，図1-4のように位置を固定して，音圧を時間の関数として表現する方法は，音声など音の波形の特性を調べるときなどに使用される．音のスペクトルや言語音の音響的性質を解析する章で詳しく述べることにする．

4　振動の原理

　音は空気などの物質の弾性と質量が生み出す振動で，弾性波と呼ばれる．このことは声

帯の振動や声道の共鳴を理解するうえでも重要なので，図1-5で空気粒子4だけが振動するように，単純化してさらに説明しよう．時刻1では空気粒子が大気圧を受けて静止した状態（平衡位置）にある．時刻2で（音源の力で）空気粒子が右に移動すると3と4をつなぐバネが伸び，4と5をつなぐバネが縮む．バネには弾性があって変形されると平衡位置から変位した長さに比例する力で元の状態に戻ろうとする．弾性は平衡位置からの変化分の自乗に比例する変形エネルギーを蓄える特性でもある．変形エネルギーは位置エネルギーとも表現される．この変形エネルギーが空気粒子4を左に引き戻そうとする．左向きに運動を始めて平衡位置に達する時刻3で，空気粒子4の速度は最大になり，平衡位置を通り過ぎてしまう．動いている物体は速度の自乗に比例する運動エネルギーをもっているため，それに見合う力を反対向きに加えないと空気粒子4は急には止まれないからである．しかし，この時点を過ぎると時刻2とは逆にバネの変形が増加していくため，空気粒子4を右に引き戻そうとする復元力が働き始め，空気粒子4の速度は徐々に低下していく．平衡位置からの変位の自乗に比例する変形エネルギーが増加し，代わりに運動エネルギーが減少していくのである．時刻4で空気粒子4の速度は零になり，バネの変形が最大になって，変形エネルギーが最大になる．この時点を過ぎるとバネの復元力によって空気粒子4は右向きに加速され始めバネの変形が減少し，代わりに再び運動エネルギーが増大する．

　バネの変形が空気粒子の運動を生み出し，空気粒子の運動がバネの変形を生み出す．言い換えるとバネに蓄積された変形エネルギーが空気粒子の運動を生み出し，空気粒子の運

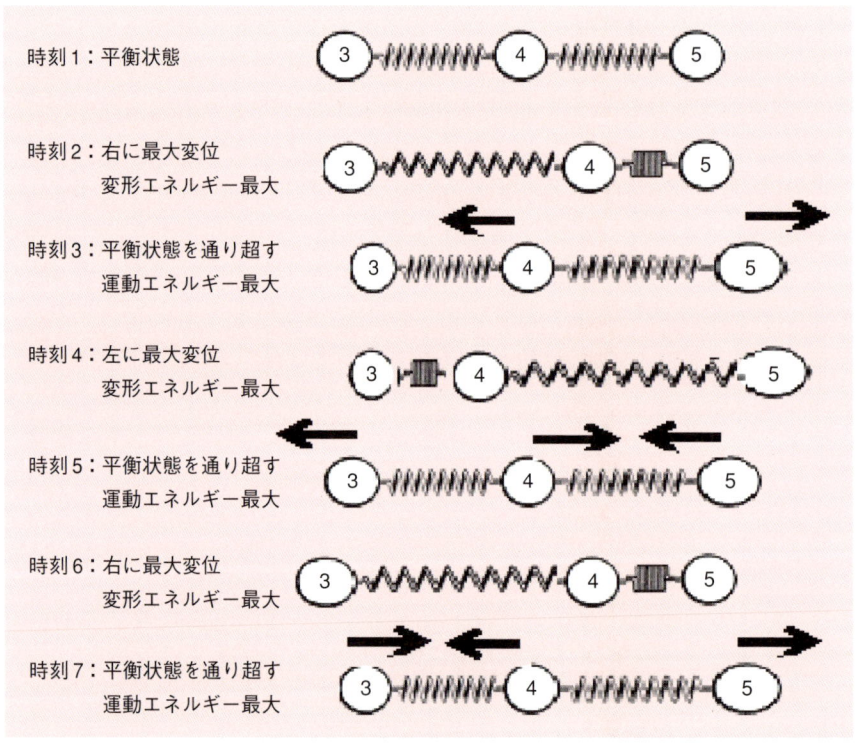

図1-5　音波の変形エネルギーと運動エネルギー
　　バネの変形が空気粒子の運動を生み出し，空気粒子の運動がバネの変形を生み出す．矢印は空気粒子の運動エネルギー，バネの伸びと縮みが位置エネルギーの大きさを示す．音源は運動エネルギーと位置エネルギーの元を供給し，音波はそれを周囲に運んでいく．

動エネルギーがバネの変形を生み出す．空気粒子同士をつなぐバネが伸びきった瞬間や縮みきった瞬間には空気粒子の変位が最大で粒子速度は零になる．変位が零になる平衡位置を通り過ぎるとき粒子速度は最大になる．

媒質の振動である音波では，図1-5のように重りとバネが明確には分離されていないので議論は少し複雑になる．しかし基本原理は共通で，空気粒子が密集して密度が高くなるとき圧力は大気圧より高くなり，逆に密度が低くなるとき大気圧より低くなる．大気圧より高くても低くても平衡状態の大気圧に戻ろうとする復元力が働く．圧力によって蓄えられる位置エネルギーと粒子速度によって蓄えられる運動エネルギーの周期的交換が起こり，これが媒質中を伝搬していく．これが音波である．

5 音のエネルギーと音の強さ

音波が伝搬するということは，運動エネルギーと位置エネルギーの和に等しい音のエネルギーが伝搬されるということでもある．運動エネルギーは粒子速度の自乗に比例し，位置（変形）エネルギーは音圧の自乗に比例する．これらは互いに交換を繰り返しながら媒質中を伝搬していく．

単位時間当りに伝搬される音のエネルギーを音響パワー（acoustic power）といい，ワット（W）という単位で表現する．ワットはスピーカーの出力の大きさを表すときなどに使用されるのでなじみがあるだろう．音以外にも電力を表すのに使用される．40ワットの電球といえば，1秒当り40ワットの電力を消費して光に変える電球のことをいう．

大きな広い空間で発声する人から放射された音のエネルギーをはかろうとすると測定点のエネルギーばかりでなく音源を囲む球面上の全エネルギーをはかる必要がある．このように音響パワーを求めるためには着目する面について積分する必要がある．しかし我々が聞く音はある特定の場所の音なので，むしろ特定の場所に伝搬される音のエネルギーが重要になる．そこで，注目する場所の単位面積を単位時間当りに通過する音のエネルギーを考え，これを音の強さ（sound intensity）と定義する．単位はW/m^2である．

音の強さと後に説明する音の大きさ（ラウドネス，loudness）とを混同しないようにしよう．音の強さは物理的に測定できる音のエネルギーであるのに対して，音の大きさは聴覚上の心理的な大きさを表す．

6 単振動の周波数

図1-6のように，バネにぶら下がった重りを少し持ち上げて離すと振動が始まる．手を離した状態での振動は外力の干渉を受けない振動なので自由振動という．これに対して外力に駆動される振動は強制振動である．バネ・重り系の自由振動の1秒当りの振動回数，つまり周波数はバネの弾性定数kと質量mによって一意に決まり，両者の比の平方根$(k/m)^{1/2}$に比例する値になる．単一の周波数で振動するから単振動という．バネが硬い（kが大きい）ほど振動周波数は増加し，mが大きいほど減少する．この周波数はバネ・重り系の特性kとmによって決まる特徴なので，特徴周波数（characteristic frequency），あるいは固有周波数（natural frequency）と呼ばれる．

弾性と質量だけで構成される理想的な振動系は位置エネルギーと運動エネルギーの周期

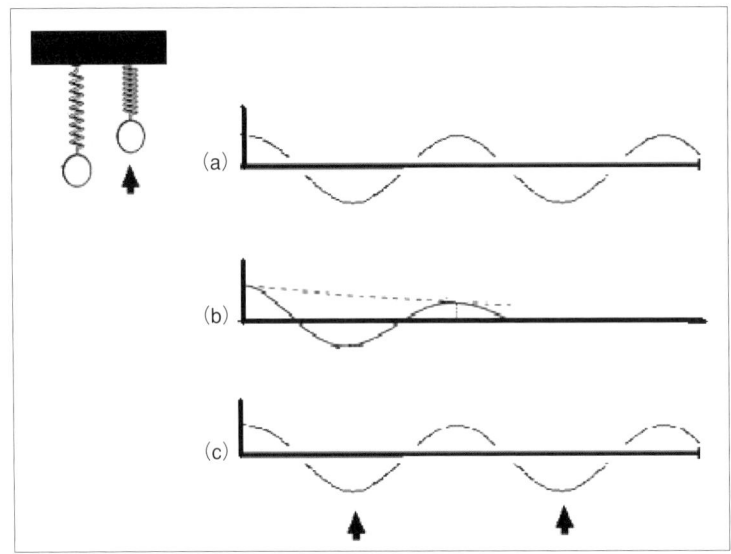

図 1-6 バネ・重り系の振動
　(a) 損失のない（抵抗がない）理想状態での振動は特徴周波数で振動する正弦波になる．(b) しかし，現実には重りと空気の摩擦熱などで振動エネルギーが奪われるため振動は減衰しやがて止まる．(c) 特徴周波数と同期して上向き矢印の周期で外力を与えると最小の外力で振動を持続することができる．

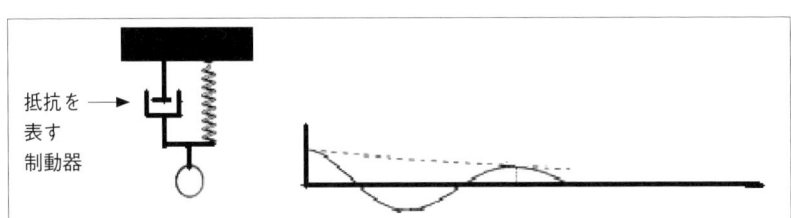

図 1-7　減衰振動はバネの弾性と重りと抵抗で表現できる．このような振動モデルは声帯振動などを考えるときに役に立つ．

的な交換によって振動し続け，正弦波という波形になる．弾性は位置エネルギーを，質量は運動エネルギーを蓄積し，互いに交換しあうため，エネルギー損失を生じないからである．しかし，現実の振動には抵抗という要素があって，そのため図 1-6（b）のように徐々に振幅が減少し消えてしまう減衰振動になる．抵抗は振動のエネルギーを熱エネルギーなど取り戻せない形で奪う要素であり，重りと周囲の物質との摩擦などの効果を表す．抵抗は図 1-7 のようにバネに制動器をつけて明示される．

　単振動の減衰の仕方には一定の法則性があり，一定の比率で最大振幅が減少していく．つまり，それぞれの波形で隣り合う最大振幅の比は，$A_1/A_2 = A_2/A_3 = A_3/A_4$ のように一定になる．このような減衰は指数関数（exp）の特性に合致しており，$\exp(d_f) = A_1/A_2$ と定義される減衰率（damping factor）d_f で表現できる．減衰率は音声科学で使用されるホルマントのバンド幅に関連する．減衰率やバンド幅が大きいほど自由振動は速く減衰する．振幅が 37% に減衰する（つまり $\exp^{-1}$ 倍になる）のに要する時間を時定数と定義して減衰の速さを表すことがある．

7 共鳴の考え方

　バネ・重り系で遊んだ経験があれば直感的にわかるように，特徴周波数に同期して外力を与えれば，つまりたとえば図1-6の(c)のように重りが上向きに運動方向を変える瞬間にほんの少し押してあげるだけで，振動はどんどん大きくなっていく．変位が大きくなりすぎてバネが元に戻らなくなること，つまり弾性限界を突破してバネが壊れてしまうこともある．特徴周波数はバネ・重り系の共鳴周波数であって，この周波数に同期して外力を与えると最も効率よくエネルギーを伝達でき，最小の外力でバネ・重り系の振動を持続できる．

　空気の振動である音波では，図1-7とは違って重りとバネが明確には分離されていないので議論は少し複雑になる．しかし基本原理は共通で，たとえば声道内の空気柱を考えると，空気柱の弾性と質量に応じて決まる特徴周波数がある．声道の壁と空気柱の摩擦で音波を減衰させる抵抗もあるから，声道内の音波は減衰振動になる．また，特徴周波数は声道の形状に応じて変化する．声道内の空気柱ではバネも重りも無数にある状態なので特徴周波数も複数あって，ホルマント周波数と呼ばれている．声道にとって外力となる声門音源の周波数がホルマント周波数に近ければ近いほど声道内の空気柱へのエネルギー伝達効率は上昇し，声道内の音波は大きくなる．5章で詳しく学ぶことにしよう．

　弾性，質量，抵抗は音響インピーダンスの3要素になっている．上記のように音波を制約（インピード）する要因だからである．弾性と質量は自由振動の特徴周波数に，抵抗は減衰率に関係する．特徴周波数に同期して外からエネルギーを補給すると最も小さい力で振動を大きくできる．つまり最も効率よく振動エネルギーを伝達できる．この状態を共鳴という．外力の周波数が特徴周波数から外れるとエネルギーの伝達効率は下がる．このため特徴周波数から外れる周波数で強制振動させようとするとより大きな外力を与えなければならない．このような関係は声帯振動とそのためのエネルギーを供給する呼気流との関係，声道内の音波伝播とそのエネルギーを供給する声門音源との関係，内耳基底板とその振動エネルギーを供給する外耳道の音波との関係など多くの現象で成り立つ．

　エネルギーの伝達効率が最も高いのは，エネルギーを供給する側と受け取る側の音響インピーダンスが一致する場合で，この状態をインピーダンス整合という．インピーダンスが整合していないと，不整合の度合いに応じて供給された音響エネルギーは反射されてしまい受け取る側には一部分しか伝達されない．後に学ぶように，外耳道の音響エネルギーを効率よく内耳に伝達するために鼓膜や耳小骨連鎖が巧みに組み合わさってインピーダンス整合の度合いを良くしているのである．

第2章

信号としての音波

Speech-
Language-
Hearing
Therapist

第2章

信号としての音波

　音圧波形として表現される音波は，純音，減衰振動音，周期音，複合音，雑音，過渡音などに分類できる．なかでも純音は音の信号理論を理解するうえでも，また聴覚を理解するうえでも重要な役割を果たす．純音とはどんな音なのか，純音以外の音とどんな関係にあるのかを学ぼう．

1 純音

　バネ・重り系で損失がない場合の振動波形は正弦波であると述べた．ニュートンの運動方程式の基本解である正弦波は，音波をはじめ，バネ・重り系，振り子やブランコ，電気や電波など周期的現象を考えるときに必ず出現する波形である．正弦波の音は純音と呼ばれる．音叉が発する音は純音に近い．純音聴力検査などで活用される純音とはどんな音なのだろう．後に示すように純音はあらゆる音の基本になるので詳しく考えてみよう．

　正弦波は円周を時計とは反対向きに一定速度で回る針を考えると理解しやすい．図2-1に示すように，円の一周は0～360°の角度で表現される．信号理論ではこれを0～2πラジアンと表現し位相（phase）ないし位相角（phase angle）と呼ぶ．針が時間 $t=0$ で位相 θ_0 を通過したとき，θ_0 を初期位相という．初期位相とはつまり基準の時間 $t=0$ での位相のことである．長針が1回転して次に θ_0 を通過するとき，位相は $\theta_0+2\pi$，その次は $\theta_0+2\pi+2\pi$ となって，1回転につき位相は 2π ずつ増加していく．

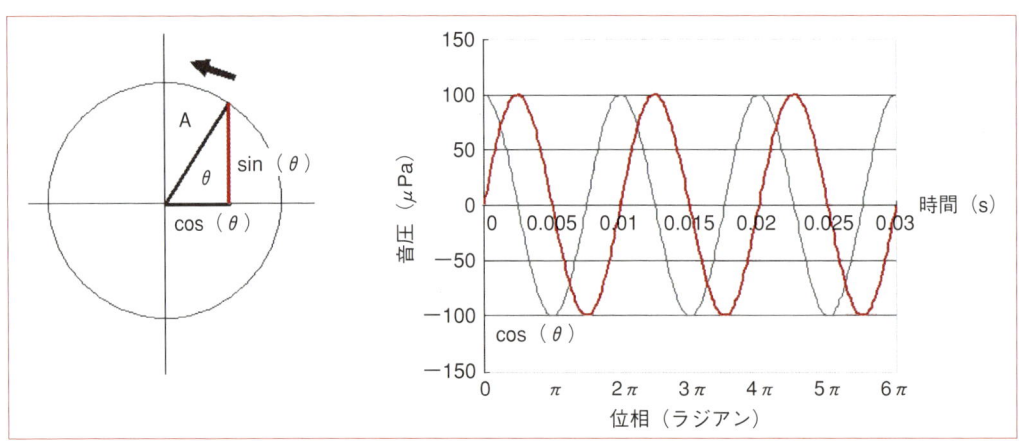

図2-1　正弦波
　反時計回りに一定速度で回転する長さAの針のy軸上の長さが sin（θ），x軸上の長さが cos（θ）に対応する．

針の先端から横軸に垂線を引いてその長さが時間とともにどのように変化するかを示したのが図 2-1 の右図の線である．わかりやすくするために初期位相 θ_0 を零としている．この波形は正弦波のなかでもサイン波（sin 波）と呼ばれる．針の 1 回転分の運動が sin 波の 1 周期に対応する．図では針が 0.01 秒間に 1 回転する様子を示した．この回転数は sin 波の周波数 f，つまり 1 秒間の周期数に対応する．1 回転ごとに位相は 2π 進行するから 1 秒間に $2\pi f$ 進行する．この $2\pi f$ は角周波数と呼ばれ ω と表現される．針の長さ A は sin 波の最大振幅になる．図では A = 100 μPa となっている．

　図 2-1 の黒線は針の先端の横軸上の影の長さが時間とともにどのように変化するかを示した．サイン波と相似であるものの，位相 0 のときの振幅が最大になることが違っている．時間軸上で位相を $\pi/2$ だけ進めた波形になっている．この波形はコサイン波（cos 波）と呼ばれる．sin 波と cos 波は位相が $\pi/2$ だけずれるだけで波形は同じであることがわかる．

　図 2-1 からわかるように，正弦波は完全に周期的で，1 周期分の波形を次の周期と重ねると完全に一致する．針が円を 1 周するのに要する時間を周期といって T と表現する．1 秒間に周期は $1/T$ 回あるから，周波数 f は $1/T$ に等しい．逆に周期 T は $1/f$ に等しい．

2　周波数，振幅，位相の 3 要素

　正弦波は周波数と最大振幅，初期位相の 3 個の変数で波形が完全に決まってしまう周期的波形である．図 2-1 の音波でこの様子を説明すると，周波数 f は 1 秒間の振動回数，最大振幅 A は音圧の最大値，初期位相 θ_0 は時間 $t = 0$ での位相である．数式を使って表現すると，$A \sin(2\pi ft + \theta_0)$ で，角周波数 $\omega = 2\pi f$ を思い出せば，$A \sin(\omega t + \theta_0)$ と簡潔に表現できることがわかる．時間 $t = 0$ のとき位相 θ_0 にあった長さ A の針が秒速 $2\pi f$ の一定速度で回転し，時間 t のときに位相 $(\omega t + \theta_0)$ を通過する，そんな現象に対応する波形なのである．

　図 2-2 には初期位相と最大振幅の異なる 2 つの純音（sin 関数）を示した．周波数は

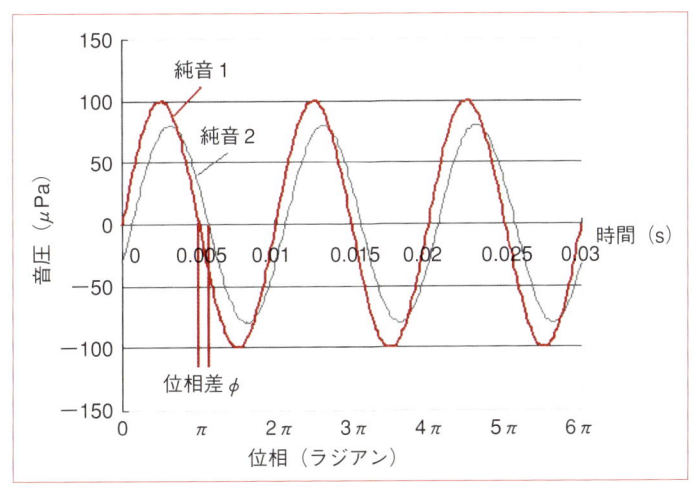

図 2-2　周波数 100 Hz の純音波形
　　　　純音 2 は 1 より位相が遅れている．

同じである．このとき純音1は2より位相がϕだけ進んでいるという．逆に純音2は1より位相がϕだけ遅れていることになる．聞き手の左側にある音源から出た純音が左右耳に到達するとき，左耳に先に到達し，右耳には頭の大きさ分だけ遅れてかつ頭に妨害される分だけ減衰して到達することになる．左耳と右耳が聞く純音には図2-2の純音1は2の関係が生じることになる．この関係を手がかりに位相の進んだ方の耳，つまり左の方角に音源があるという音源定位が可能になる．

単一のバネと重りの振動波形に対応する正弦波は混じりけのない単一の高さ感覚（ピッチ感覚，pitch）を引き起こすので，純音と呼ばれる．事実，後に示すように，純音以外の音は複数の純音が混ざり合った複合音である．

周波数が高い純音ほどより高いピッチ感覚を引き起こす．ただし聴覚が感知できる弾性波を音と呼ぶのが普通なので，純音の周波数の下限は16～20 Hz，上限は16～20 kHz程度になる．20 Hz以下の弾性波は超低周波音，20 kHz以上を超音波といい，広義には音波の仲間として扱うものの，普通の条件下では音としては聞こえない．

最大振幅が大きい純音ほどより大きな音に聞こえる．この聴感覚は音の大きさ（ラウドネス，loudness）と表現される．一方，初期位相は純音の高さや大きさには影響しないものの，複合音の聞こえには関係する．また，図2-2に示したように，単一の音源から放射された純音を聞くなどの場合，左右耳に到達する音波には位相差が生じ，これを手がかりに位相の進んだ方の耳の方角に音源があるという音源知覚を生じる．初期位相も聞こえに影響する場合がある．

3　純音はなぜ重要か？

このたった3個のパラメータで表現される正弦波は音を理解するうえでなぜ重要なのか，その要点を簡潔に説明しておく．

第1に，純音は単一の高さ感覚を与える音として，周波数ごとに聴覚を検査する場合などに重要な役割を果たす．本章の音圧とデシベルでも取り上げる．

第2に，どんな波形の音でも正弦波（純音）に分解できるのである．言い換えると，どんな波形の音でも，周波数，振幅，初期位相を適正に調整した複数の正弦波に分解できる．この原理は発見者に因んでフーリエの原理と呼ばれている．たとえば言語音声は純音とはかなり違う波形であるものの，正弦波に分解できてスペクトルとして図示される．3章でスペクトルを学ぶときに詳しく説明する．スペクトルは様々な音の音色に関連する．

第3に，線形（リニア）な補聴器や増幅器などの特性は正弦波を使うと簡潔に調べられるという利点がある．線形な特性の補聴器に正弦波を通すと振幅と位相は変化しても周波数は変化しない．だから，種々の周波数の正弦波を線形補聴器に通して入出力間の振幅と位相の変化を調べておくと，どんな入力波形に対してもその補聴器の出力は予測できる．この関係は音声の生成過程，音源・フィルタモデルなどを考えるうえでも重要である．ただし，非線形（ノンリニア）と分類される補聴器などではこの関係が成立しない．4章の線形システムの項で説明する．

4 複合音

ここでは純音以外の音の波形を考えてみよう．音波は時間波形は図2-3 (a) のように周期をもつ場合と，図2-3 (b) のようにもたない場合に大別される．

図2-3 (a) のように，時間軸にそって波形をずらしていったとき波形が完全に一致するずれ時間幅があれば，その時間幅が周期であり，周期をもつ音を周期音という．図2-4のように，このような時間幅を定義できない波形は非周期音である．純音では1周期分

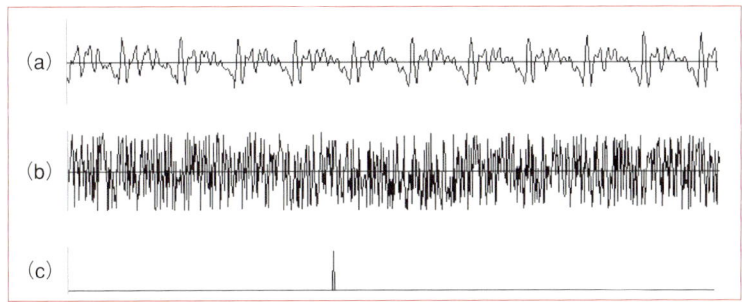

図2-3 様々な音の波形
 (a) 周期のある波形の例 母音/a/
 (b) 周期のない波形の例 雑音
 (c) 過渡的な波形の例 インパルス

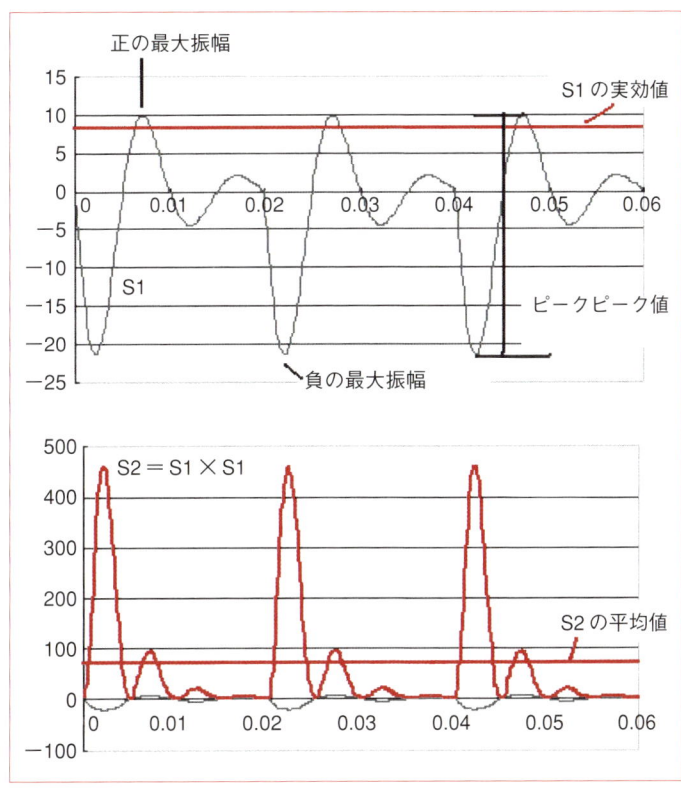

図2-4 最大振幅，ピークピーク値，実効値の関係
　実効値は対象とする音圧波形（S1）の自乗波形（S2）を計算し，その時間当りの平均値を求め，さらにその平方根をとって求める．

ずらした波形が元の波形に完全に一致する．しかし，有声母音など，完全には一致しないもののほぼ一致するような波形も自然界には多く，これらを概周期音と呼ぶ．

周期をもつ音は聴覚心理的な高さ感覚（ピッチ，pitch）を引き起こす．このような音は楽音とも呼ばれ，3章で学ぶように，基本音（または基音）とその倍音に分解できる音である．基本音や倍音などはそれぞれ周波数の異なる純音で，その音の部分音（partial tone）という．純音（pure tone）に対して，複数の部分音が重なってできた音を複合音（complex sound）という．

一方，周期を決められない音の代表は，振幅が不規則に変化する雑音である．雑音では基音を決めることができず，単一のピッチは決まらない．

さらに，周期がない音には図2-3（c）のように，過渡音と分類される音もある．聴覚検査で使用されるクリック音のように一瞬にして終わるような音，純音から数周期分だけを切り出した音などが過渡音に分類される．過渡音でも雑音と同じように基音を決めることができず，単一のピッチは必ずしも決まらない．しかし，雑音と違って波形は必ずしも不規則ではない．

5 実効値

上記のような多様な波形をもつ音の平均的な大きさをどのように表現すべきか，考えてみよう．

ある時間の音波の振幅を瞬時振幅という．瞬時振幅は波形そのものであって平均的な大きさを表すには適さない．瞬時振幅の平均値も音圧波形が基線を中心に正負対称な純音では最大振幅の如何によらず零になるから平均的な大きさを表さない．

最大振幅（ピーク値）は波形振幅の一つの目安になる．とくに純音では周波数と初期位相がわかっていれば，最大振幅をはかりさえすればどの時刻の瞬時振幅も予測できる．しかし純音以外の波形ではこのように簡単にはいかない．たとえば図2-4のS1のように正と負の波形振幅が異なる音では役に立たない．

負のピーク値と正のピーク値との幅をピークピーク値（peak-to-peak値）として活用する場合がある．これはとくに音をデジタル録音して解析するなどの場合に，波形が録音可能な最大レベルを超えないようにする場合などに重宝である．しかし，純音以外の任意の波形であると最大振幅やピークピーク値は必ずしも音の強さや大きさの目安にはならない．

実効値はこの目的のために最も広く使われている．図2-4に示したように，瞬時振幅の自乗を単位時間当りに平均して1/2乗した値である．自乗（square）した値の平均（mean）をとって1/2乗（root）するからroot mean square値，頭文字をとってrms値ともいう．統計学でいう標準偏差に対応する値である．後に説明する音の強さが音圧の実効値の自乗に比例することもあって，音圧波形の平均的な大きさを表すために実効値は最もよく使用される．

最大振幅Aの純音の場合，実効値は$A/\sqrt{2}$に等しくなる．音圧$100\,\mu\mathrm{Pa}$と表現されたとき，多くの場合それは実効値が$100\,\mu\mathrm{Pa}$なのであって，最大振幅Aはその$\sqrt{2}$倍の$141.4\,\mu\mathrm{Pa}$である．この関係は電気でも使われ，100ボルトの交流電圧といった場合，それは実効値が100ボルトであって最大振幅電圧は141.4ボルトである．

純音以外の音圧波形の実効値と最大振幅の関係は波形によって異なり $A/\sqrt{2}$ とは限らない．しかし，純音でもそれ以外の音圧波形でも，空気中の音の場合，音の強さは音圧の実効値の自乗に比例する．

6 デシベル

健聴な若者が聞き取れる音の強さはおおよそ 10^{-12} W/m² からその約 1,000,000,000,000 倍もの広い範囲に及ぶ．音圧実効値で考えるとこの範囲は 20 μPa からその 1,000,000 倍の 20 Pa に及ぶ．このように広範囲の音の強さや音圧実効値をそのままの数値で表すと，桁数の多い数値を扱うことになり，とても不便である．そこで，より便利なデシベル（dB）というレベル表記方法が考案された．

桁数の大きい数値を少ない桁数で表現するために考えられたのが対数という関数である．たとえば 1,000 という数値は 10^3 とも表現できるので，1,000 の代わりに 10 の肩の数値だけを使用して 3 と表現すると約束する．この方法を使うと 1,000,000,000,000（= 10^{12}）のような大きな数値も 12 という桁数の少ない数値で表現できる．1 は 10^0 なので 0，2 は $10^{0.3}$ なので 0.3，0.1 は 10^{-1} なので −1 と表現する．この関係を表すのが，表 2-1 に示す 10 を底とする対数という関数 $\log_{10}(g)$ である．

音響学では，音の強さや音圧実効値など桁数の大きな量をそのまま表現することを避けて，あらかじめ決めた基準値に対してどれほど大きなレベルにあるかを対数で表現する．音の強さ I をレベル表現すると，あらかじめ決めてある基準の音の強さ I_r に対して，まず比 $g = I/I_r$ を求め，その対数の 10 倍を求めて，$10 \cdot \log_{10}(I/I_r)$ デシベルであると表現する．とくに，表 2-2 に示したように基準値 I_r を 10^{-12} W/m² としたレベルを音の強さのレベル（intensity level）といい，dB IL と略記する．

また基準の音圧実効値 P_r を決めておき，音圧実効値 P の音は $20 \cdot \log_{10}(P/P_r)$ デシ

表 2-1 指数と対数の関係
10 を底とする対数を音響学ではベル（B），それを 10 倍した値をデシベル（dB）という．

表現したい数 g	指数表現	対数 $\log_{10}(g)$	デシベル（dB） $10\log_{10}(g)$
1	10^0	0	0
10	10^1	1	10
100	10^2	2	20
1,000	10^3	3	30
1,000,000,000,000	10^{12}	12	120
0.1	10^{-1}	−1	−10
0.01	10^{-2}	−2	−20
2	$10^{0.3}$	0.3	3
4	$10^{0.6}$	0.6	6
0.5	$10^{-0.3}$	−0.3	−3

表2-2　音の強さのレベル　$I_r = 10^{-12} \text{W/m}^2$

音の強さ	音の強さのレベル (dBIL)	対応する環境音
$0.01 I_0 = 10^{-1} I_r$	−20	聞こえない
$0.5 I_0 = 10^{-0.3} I_r$	−3	
$I_0 = 10^0 I_r$	0	ほぼ聴覚閾値
$2 I_0 = 10^{0.3} I_r$	3	
$100 I_0 = 10^2 I_r$	20	
$10,000 I_0 = 10^4 I_r$	40	小さい声
$1,000,000 I_0 = 10^6 I_r$	60	普通の会話音声
$100,000,000 I_0 = 10^8 I_r$	80	大声の会話
$10,000,000,000 I_0 = 10^{10} I_r$	100	地下鉄の騒音
$1,000,000,000,000 I_0 = 10^{12} I_r$	120	痛覚閾値（痛みを感じる）

肩の数値を10倍すれば音の強さのレベル

ベルであると表現する．基準音圧 P_r を $20\,\mu\text{Pa}$ と決めたデシベル表示を音圧レベル（sound pressure level）といい，dB SPL と表現する．空気中の音波の音圧 $20\,\mu\text{Pa}$ は音の強さでは $10^{-12}\,\text{W/m}^2$ に対応し，音の強さは音圧実効値の自乗に比例するから，音の強さのレベルは $10 \cdot \log_{10}(I/I_r) = 10 \cdot \log_{10}(P/P_r)^2 = 20 \cdot \log_{10}(P/P_r)$ となって，計算式は違っても数値としては音の強さのレベルと音圧レベルと一致することを覚えておこう．この他，$10^{-12}\,\text{W}$ を基準にして音響パワーをデシベルで表す音響パワーレベルなども使用される．

音圧レベルで考えると，P_r と同じ音圧は 0 dB，P_r の 10 倍の音圧は 20 dB，さらに 10 倍されるごとに 20 dB 増加する．逆に P_r の 10 分の 1 は −20 dB，さらに 10 分の 1 倍されるごとに −20 dB 減少する．2 倍は 6 dB，4 倍は 12 dB，10 倍は 20 dB の増加，逆に 1/2 倍は −6 dB，1/4 倍は −12 dB，1/10 倍は −20 dB の減少と覚えておくと便利である．

7　様々なレベル表示

表2-3 に示すように，音圧とデシベルとの関係は基準音圧 P_r をどう選ぶかによって変わる．基準音圧 P_r を $20\,\mu\text{Pa}$ とする音圧レベル（sound pressure level：dB SPL）では，基準音圧 P_r が周波数や聴取者の聴覚閾値には関係せず一定で，音響計測など物理的な測定に使用される．一方，言語聴覚療法や聴覚医学の臨床，研究などで頻繁に使われるレベルとして，健康な聴覚をもつ若年者の聴覚閾値を基準とした聴力レベル（hearing level：dBHL），個々人の聴覚閾値を基準とした感覚レベル（sensation level：dBSL）が使われる．聴覚閾値とはその人が聞き取れる最小の音圧で，周波数によって，個々人に応じて決まる値である．したがって，聴力レベルの基準値は周波数ごとに決められた値になり，国際規格（ISO）で厳密に決められている．一方，感覚レベルの基準値は個々人に応じて周波数ごとに決まる値になる．聴力レベルは健常者の聴覚を基準に難聴の度合いを表すために聴力検査で使われる．感覚レベルは言語音声の了解度など試験音の提示レベルが閾値よりどれだけ大きいかによって検査結果が変化する特性を測定するさいに使用される単位である．

ISO が決めた若年健聴者の聴覚閾値を基準として，ある人（患者）の聴覚閾値がどれだけ基準値より大きいかを表す聴覚閾値レベル（hearing threshold level）も使用される

表2-3 様々なレベル表示

レベル	略記号	基準値と用途
音の強さのレベル	intensity level, dBIL	$I_0 = 10^{-12}\,\mathrm{W/m^2}$ 音響計測
音圧レベル	sound pressure level, dBSPL	$P_0 = 20\,\mu\mathrm{Pa}$ 音響計測
聴力レベル	hearing level, dBHL	ISOが周波数ごとに規定した若年健聴者の聴覚閾値 聴覚検査
感覚レベル	sensation level, dBSL	個々人の周波数ごとの聴覚閾値 閾値上聴覚検査
利得，増幅率，減衰率	gain	入力音圧 アンプやフィルタなどの伝達関数や周波数特性の表示

ので注意しよう．

また，アンプやフィルタ，補聴器などで入力の大きさを基準にして出力をデシベルで表すことも広く行われる．5章の音声生成モデルではこの意味でデシベルが使われている．たとえば「20 dB の増幅利得」というのは，入力の音圧実効値が 20 dB 増幅されて出力されるという意味になる．

レベルは上記のように基準値に対する相対的な大きさを表す数値なので，基準値を明記することが重要である．

8　デシベルの利点

レベル表示を使う利点は以下の通りである．

1）基準値に対する相対的な大きさを表す数値なので，増幅率や減衰率を表すのに便利である．数段階に分けて行われる信号増幅はそれぞれの段階のデシベル値を加算すればよいという利点がある．たとえば音圧実効値 40 μPa（6 dBSPL）の音を 100 倍（40 dB）し，さらに 20 倍（26 dB）した場合，音圧実効値は（40×100×20）μPa と積算しなければならない．これに対し，レベル表示では（6 + 40 + 26）dBSPL と加算すればよい．これは $20\log((40\times100\times20)/20) = 20\log(40/20) + 20\log 100 + 20\log 20$ のように，積算を加算に変換する対数関数 log の特性による．補聴器の利得を計算する場合や，声門音源と声道特性から生成される音声の特性を考える場合などにこの特性はとても役に立つ．

2）上記の利点は聴力レベルや感覚レベルでとくに有効である．なぜなら，聴力レベルは聴覚障害の程度を健聴者の聴覚を基準にして相対値で表現するために使用されるし，感覚レベルは検査に使う音圧を被験者の最小可聴値を基準にして相対値で表現するために使用されるからである．しかも音圧実効値など桁数の大きい数値を 2〜3 桁の数値で表現できるのである．

3）聴覚上の音の大きさ（loudness）は音圧レベルを 10 dB 増加させると約 2 倍になる

という関係がある．この例のように音圧やインテンシティ表示よりレベル表示の方がより簡潔に聴覚特性に対応することが多い．

第3章 スペクトル

Speech-
Language-
Hearing
Therapist

第3章

スペクトル

　本章ではどんな音でも部分音という純音成分に分解できることを学ぶ．分解した部分音の周波数，音圧実効値，初期位相の関係を表すスペクトルの意味を考える．スペクトルは音の成り立ちを解析する強力な方法であり，音声の生成過程や聴覚情報処理を理解するうえで欠かせない概念でもある．

　部分音は正弦波つまり純音であって，種々の周波数の正弦波を用意して，それらの最大振幅と初期位相を適正に調節して加え合わせると，正弦波以外の音でもつくることができる．これは19世紀の初頭ナポレオンの時代に生きたフランスの数学者フーリエが提案した理論なのでフーリエの定理といわれる．

　種々の音を波形として観測すると，純音や母音のように周期をもつ波形，部分的には周期的で短時間に終わってしまう波形，雑音のように周期をもたない波形，破裂子音の破裂音のように短時間で減衰してしまう過渡的な波形など多様である．これらの波形がどのように正弦波の組み合わせで表現できるのか，順を追ってみていく．

I 純音のスペクトル

　純音はそれ自体が唯一の部分音になる．純音は周波数，最大振幅，初期位相を指定すれば一意に決まる音であるから，たとえば周波数 140 Hz，最大振幅 2,828 μPa（音圧レベル 40 dB），初期位相 $-\pi/2$ の純音は，周波数と最大振幅，初期位相の関係を表す図 3-1 (b)，(c) で正確に表現できる．図 3-1 (b) では周波数 140 Hz に最大振幅 2,828 μPa の成分があることを示し，(c) は周波数 140 Hz の成分の初期位相は $-\dfrac{\pi}{2}$ であることを示している．図 3-1 (b) を振幅スペクトル，(c) を位相スペクトルという．振幅スペクトルは最大振幅，音圧実効値，音圧レベル，のいずれでも表示可能である．音圧レベルで表

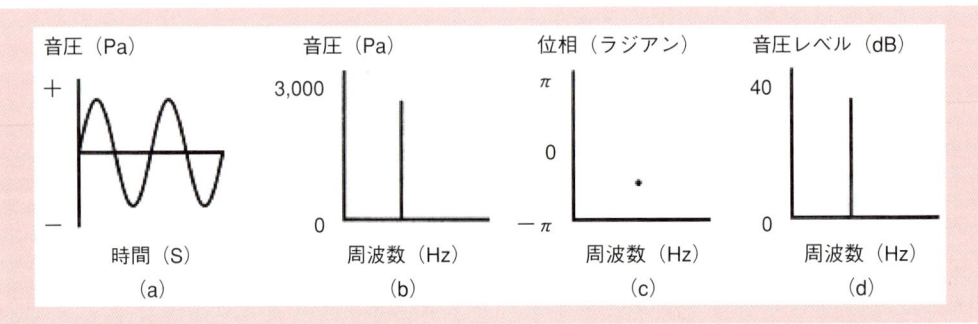

図 3-1　純音のスペクトル

示した図 3-1（d）は前章で述べたような利点が多いため実用的で頻繁に使用される．ただし，音圧レベルを把握できない場合や，音に限定する必要がない場合などには，基準値を別の目的で適正に選択することがある．つまり，レベル表示でも音圧レベルとは限らない．その場合でも振幅の情報を周波数の関数として表すスペクトルは振幅スペクトルと呼ばれる．音の強さのレベルを表すパワースペクトルも使用される．

2 周期音のスペクトル

図 3-2（a）に示したのこぎり波を考えよう．図 3-3 にはこののこぎり波が純音から合成される様子を示す．周波数 F_0 が 140 Hz で最大振幅が 1，初期位相が $-\frac{\pi}{2}$ の正弦波（コサイン波）を S_1 として，それに次々と周波数が nF_0 で最大振幅が $1/n$，初期位相が $-\frac{\pi}{2}$ の正弦波 S_n を加算していった波形を右側に示す．n は 1，2，など整数である．初期位相はすべて同じであるものの，S_2 の周波数は 280 Hz，最大振幅が $1/2$，S_3 の周波数は 420 Hz，最大振幅が $1/3$ などに変化する．これらの正弦波を加算して合成波形を求めていくと徐々にのこぎり波に成長していくことがわかる．この場合，のこぎり波の振幅スペクトルと位相スペクトルは図 3-2（b），（c）のようになる．正弦波 S_1，S_2，S_3，などはそれぞれが周波数の異なる純音でのこぎり波の部分音であり，信号理論では周波数成分（frequency component），あるいは単に成分（component）と呼ばれる．単一の成分からなる純音に対して，複数の成分が合成された音を複合音（complex tone）と呼ぶ．

図 3-3 でのこぎり波の周期が S_1 の周期と同じであることがわかるだろう．周期のある複合音では S_1 の周期が複合音の周期になる．このように複合音の周期，周波数を決める成分を基本周波数成分，音の場合，基本音，基音と表現する．基音 S_1 の周期を基本周期，その周波数を基本周波数 F_0 と表現するのはそのためである．これに対して，S_2，S_3，S_n など周波数が F_0 の n 倍である成分は第 n 高調波，音なら第 n 倍音と表現される．

図 3-2 ですべての成分の初期位相を $\pi/2$ に変えると図 3-4 のように加算された波形は変化する．成分の初期位相を変えると合成波形が変化する．さらに図 3-2 ですべての成分の初期位相を 0 のままにして，最大振幅を n が奇数のときは $1/n$，偶数のときは零にしたのが図 3-5 上部の矩形波である．合成された波形はのこぎり波ではなくて，矩形波（square wave）に変化する．さらに最大振幅を n が奇数のときは $1/n^2$，偶数のときは零にしたのが図 3-5 下部である．合成された波形は矩形波ではなく三角波（triangular

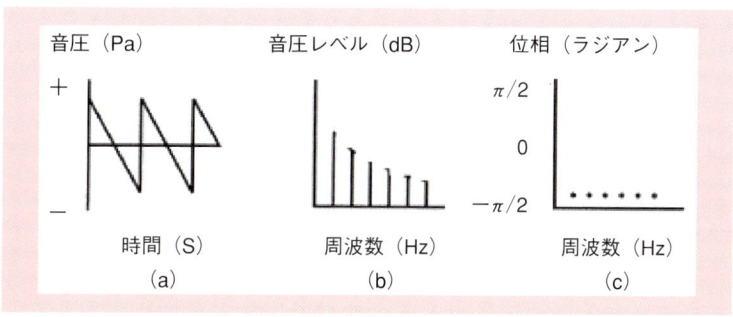

図 3-2　のこぎり波とそのスペクトル

wave）に変化する．成分の最大振幅を調整することによって合成波形は変化する．図3-6は図3-2の条件でF_0だけを280 Hzに変えた波形である．図3-2に比較して合成波形の周波数が2倍になっていることがわかるであろう．F_0を変えると合成波形の周期が変わる．

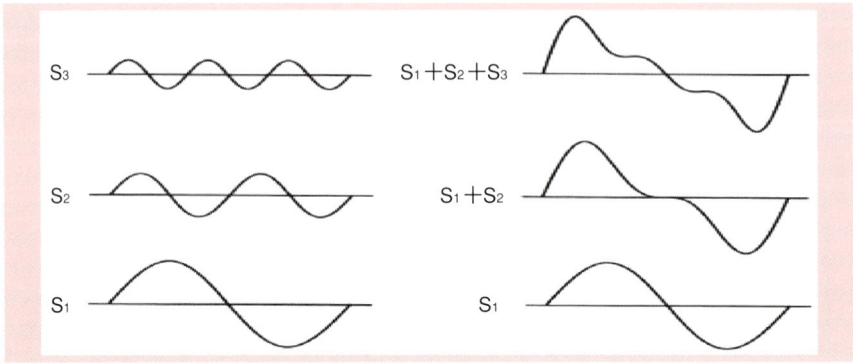

図3-3　正弦波からのこぎり波をつくる

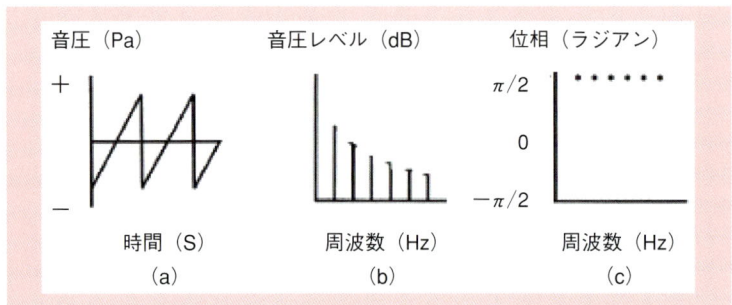

図3-4　のこぎり波のスペクトル（図3-3で部分音の位相を$-\pi/2$に変えた場合）

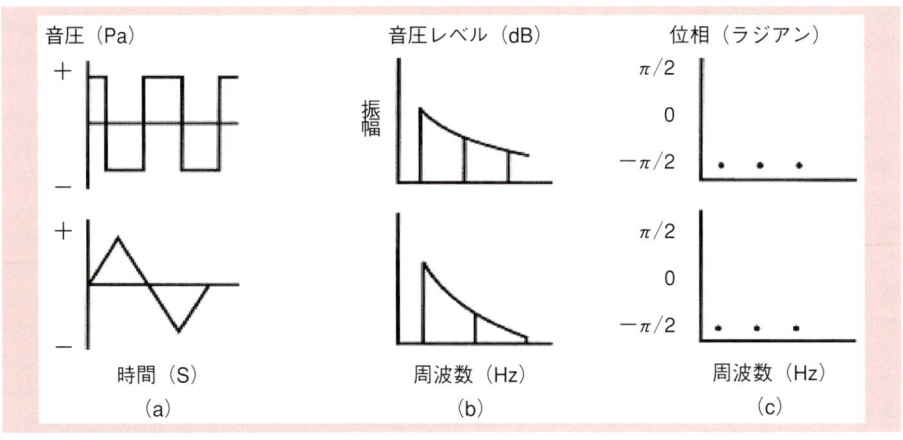

図3-5　奇数の倍音だけを含む複合音
　　　第n倍音の振幅が基音の$1/n$のとき矩形波，$1/n^2$のとき三角波になる．

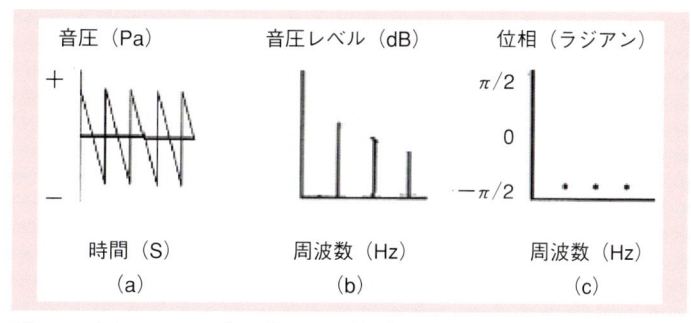

図3-6　図3-3でF_0を2倍にした波形

図3-3からわかるように部分音がS_1〜S_3までしかないと図3-2 (a) のような完全なのこぎり波にはならないことに注意しよう．完全なのこぎり波を合成するためには理論的には無限の部分音が必要であるものの，実用的に十分な数の部分音を使用し，近似することが多い．

3　線スペクトル

図3-2〜図3-6に示したスペクトルには基本周波数F_0とその整数倍の周波数成分しか存在しないという共通の特性がある．F_0，$2F_0$，$3F_0$などの周波数成分しかなく，それぞれの間には成分がまったくない．そのため振幅スペクトルには等間隔に縦線が並ぶ．このようなスペクトルを線スペクトルという．

周期をもつ波形のスペクトルは線スペクトルになる．この場合，隣り合う成分間の周波数差はF_0の整数倍になる．このような関係にある成分は調波成分（harmonic component）と表現される．図3-4，図3-5のように調波成分には最大振幅が零になる場合もある．周波数F_0は複合音の基本周波数で，聴覚上の音の高さ（pitch）を決める要因になる．F_0の逆数が基本周期T（$= 1/F_0$）である．F_0はふつうの周期音では調波成分のなかで最も低い周波数であり，かつ隣り合う成分間の周波数差であることが多い．周波数F_0の成分S_1は基本周波数成分，または基本波成分，音響学では基本音または基音という．S_1以外の周波数成分S_nは高調波成分，あるいは第n高調波成分，音響学でいう第n倍音である．上音（over tone）と表現される場合には，S_2が第1上音，S_3が第2上音などとなって倍音の場合とは1ずれるので注意が必要である．

なお，F_0の高調波成分だけを含む複合音の高さ（pitch）は，基音がなくても，基本周波数がF_0の複合音と同じに聞こえる場合がある．聴覚の章で学ぶように，基音を欠く複合音は高さ（pitch）はバーチャルピッチなどと命名され，音の高さがどのように決まるかを考察するうえで興味深い対象となっている．

図3-7（左）は女性が発話した/a/のパワースペクトルである．この母音波形は図3-7（右）に示すように周期的であり，そのことに対応してパワースペクトルには基音とその倍音に対応した櫛型のピークが観測できる．しかし，高次倍音ほどピークの両側が太くなり，かつピークとピークの間の谷にも周波数成分が現れる．つまり線スペクトルの特徴を保持しながらも完全な線スペクトルにはなっていない．図3-1〜3-6に示した機械的な音にはみられないこのような現象は，基本周波数のゆらぎや息漏れ（気息）音の混在など

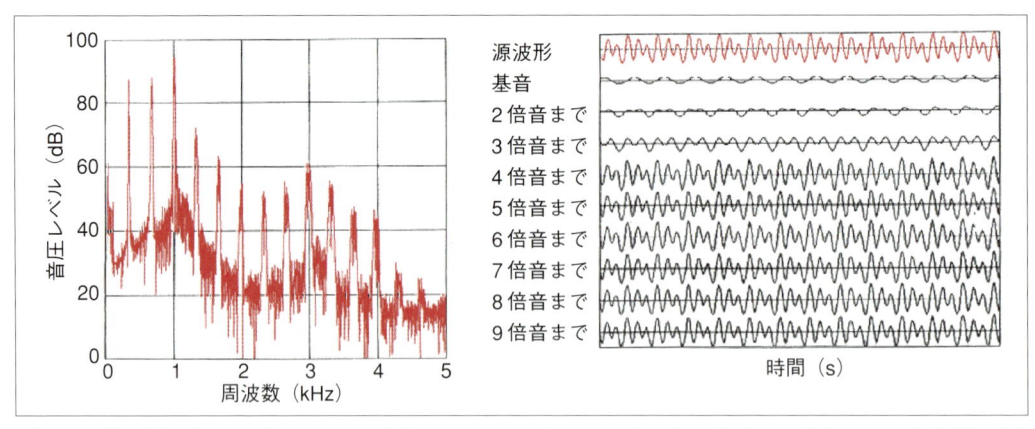

図 3-7　基本周波数 F_0 が約 330 Hz の女声の/a/のスペクトル（左）と部分音を加算していった波形（右）
　　第 5 倍音まで加算した波形は源波形とほぼ同じに見える．実際，第 5 倍音まで加算した波形は/a/に聞こえる．しかし，発話者が誰であるかが明瞭にわかるにはもっと高次の倍音まで加算する必要がある．

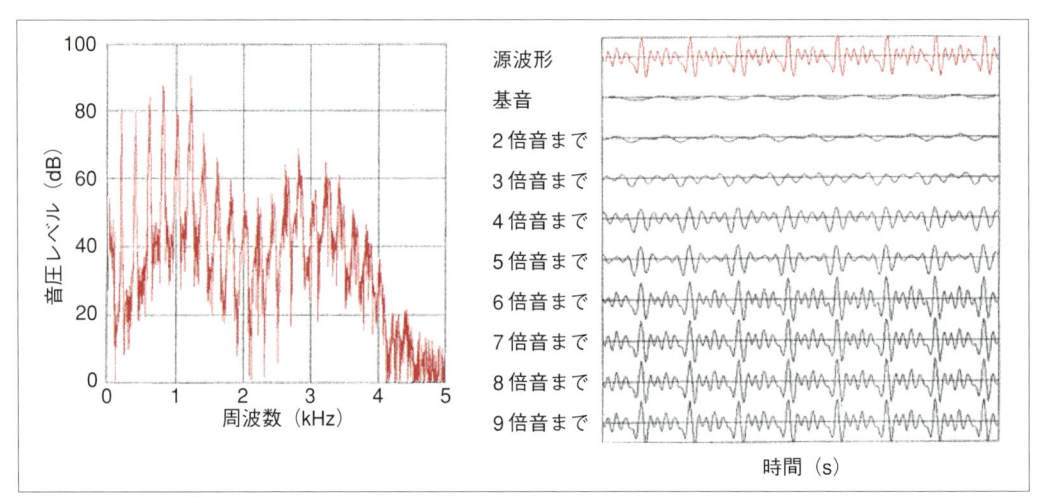

図 3-8　基本周波数 F_0 が約 200 Hz の男声の/a/のスペクトル（左）と部分音を加算していった波形（右）

音声の人らしさを表す重要な特徴となっている．
　図 3-8（左）は男性が発話した/a/のパワースペクトルである．図 3-7 の女声と共通して線スペクトルの特性をもっている．ただし，声が低い男声の特徴に対応して，基本周波数が低いことがわかる．

4　雑音のスペクトル

　周期をもたない音には白色雑音や「そ」や「しゅ」の子音部分の摩擦音［s］，［ʃ］などがある．これらの音の特徴は振幅が不規則（random）に変化するランダム時間関数になる．どのように時間区分をとっても他の区分と波形が一致することはなく，周期を決めることができない．そのため基本音は決められないから基本周波数もなく倍音や高調波成分も決められない．雑音のスペクトルはある周波数範囲のすべての周波数成分を含むので，振幅に関しても位相に関しても，図 3-9 のように周波数の連続的な関数，連続スペクトルになるのである．

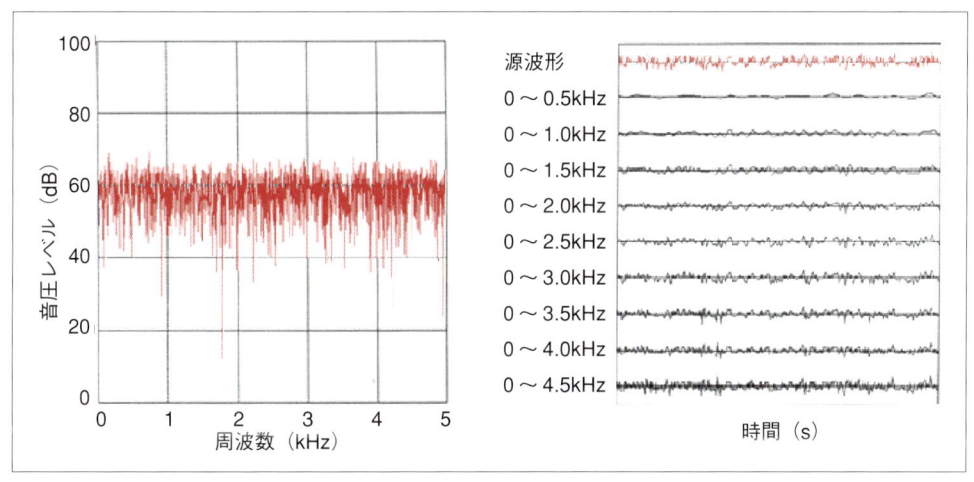

図3-9 白色雑音のスペクトル（左）と源波形および周波数帯域を制限した波形（右）
　右側最上部に示した白色雑音波形のパワースペクトル．レベルが不規則に変動するものの，平均的には周波数にかかわらず平坦である．右側に示した周波数帯域を制限した波形は帯域が広がるとともに源波形に近づく．

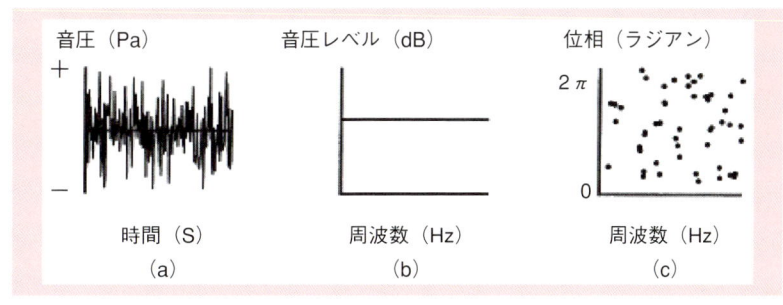

図3-10 白色雑音の振幅スペクトルと位相スペクトル

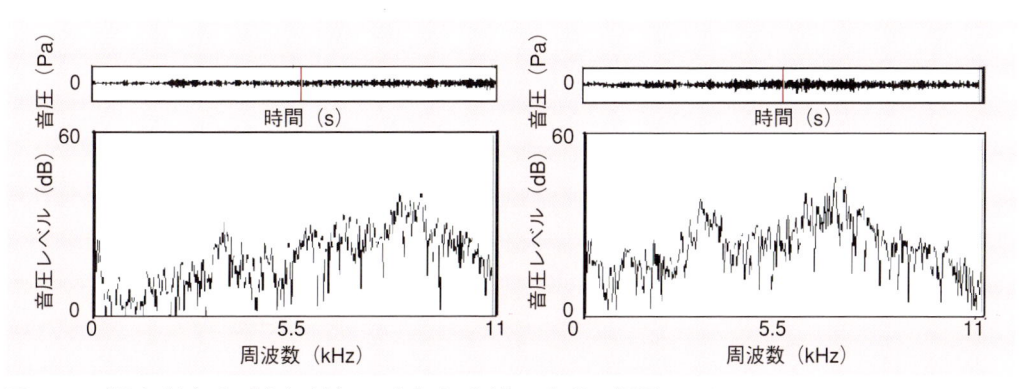

図3-11 「酢」（左）と「主」（右）の［s］と［ʃ］の部分の振幅スペクトル

　白色雑音はすべての周波数成分が期待値として同じ振幅で含まれるので，周波数によらず一定のレベルを保つ振幅スペクトルをもつ．「期待値として」という意味は「何度も観測して平均すれば」という意味である．振幅が不規則に変化する音なので振幅スペクトルも不規則に変動する．図3-10に示すように，振幅スペクトルを何度も観測して平均すればすべての周波数成分が同じ振幅になるのが白色雑音である．
　［s］と［ʃ］の振幅スペクトルは，図3-11に示すように連続スペクトルではあるも

4　雑音のスペクトル　27

のの白色雑音のように平坦ではなく，周波数に応じた強弱がある．［s］の方が［ʃ］より高い周波数にピークがある．波形からは判読しがたいこのようなスペクトル上の違いが［s］や［ʃ］の聞こえに関係する．

線スペクトルでは隣り合う調波成分間には周波数成分がなかったのに対して，連続スペクトルでは注目する周波数範囲内でどんなに狭い周波数区間を選んでもその区間内に無限の周波数成分がある．成分の周波数を線スペクトルのように F_0 とその整数倍には限定できないということである．

図 3-7，図 3-8 に示すように，言語音のなかには，線スペクトルと連続スペクトルの双方の性質を同時に併せ持つ音がある．

また，後に示すように連続スペクトルをもつ音は雑音だけとは限らない．正弦波でも数周期分だけの音のように部分的にしか周期をもたない音のスペクトルも連続スペクトルになる．

5　スペクトル傾斜

前節に示した白色雑音，のこぎり波，矩形波，三角波などの振幅スペクトルをみると，周波数成分の振幅が周波数の関数になっていることがわかる．のこぎり波や矩形波の周波数成分の振幅は周波数に反比例して，三角波では周波数の自乗に反比例して減衰している．白色雑音では周波数にかかわらず一定であった．成分の振幅が周波数に反比例して減衰するということは，周波数が 2 倍になると振幅が 1/2 に減衰することで，レベル表示すると 6 dB 減衰することである．周波数が 2 倍になることを 1 オクターブ（octave）上昇すると表現するので，1 オクターブ上昇すると 6 dB 減衰する振幅特性を $-6\,\mathrm{dB/octave}$ の傾斜をもつと表現する．周波数の自乗に反比例して減衰する特性は，$-12\,\mathrm{dB/octave}$ の傾斜をもつということである．白色雑音は $0\,\mathrm{dB/octave}$ の傾斜になる．

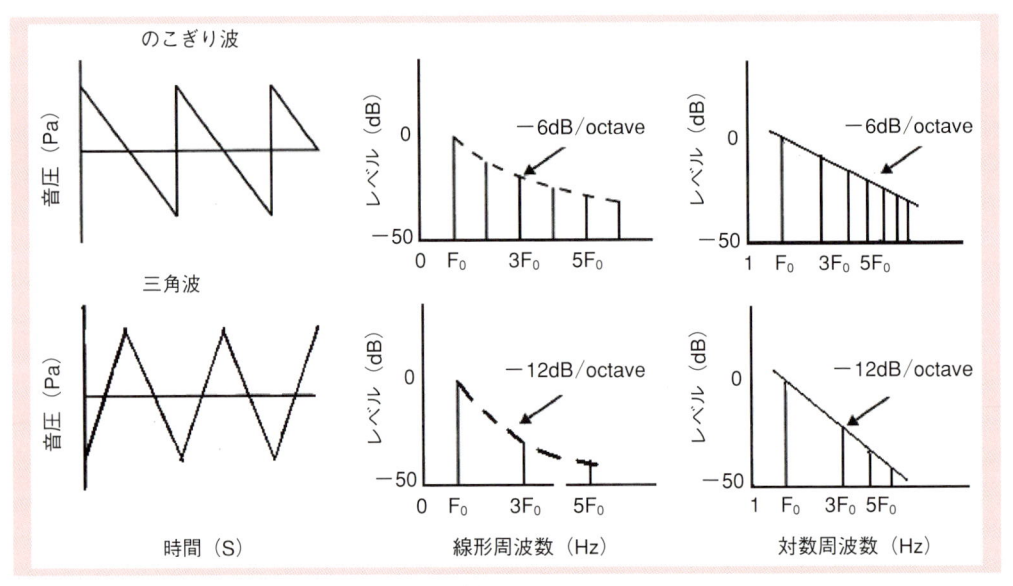

図 3-12　のこぎり波と三角波のスペクトル傾斜
　これらの波形では周波数を対数表示するとスペクトル傾斜が直線になり，かつ部分音間の間隔が高周波ほど狭くなる．

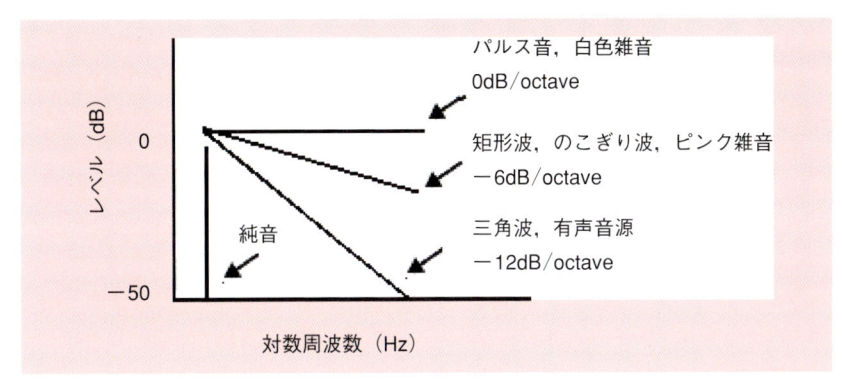

図3-13 代表的な波形のスペクトル傾斜
　有声母音などの声門音源波形は平均的には三角波に近い．白色雑音とピンク雑音は双方とも連続スペクトルで，スペクトル傾斜が異なる．聴覚検査で使用されるパルス音（クリック音）は図3-14で示すように平坦なスペクトル傾斜である．なお，言語音のスペクトルは複雑で直線では表現できないことが多い．

　振幅スペクトルが線スペクトルになる場合，各成分の頂点を滑らかに結んだ曲線，スペクトル包絡（spectral envelope）を描くと，周波数−振幅特性が明瞭になる．図3-12のように周波数軸を対数表現すると，スペクトル包絡が直線になって傾斜が明確になる．スペクトル包絡は周波数−振幅特性をみるばかりでなく，聴覚検査で使用されるパルス（クリック音）とパルス列の関係，音声分析で使用する分析窓と信号の関係などで重要な概念である（図3-13）．次節でより詳しく説明する．

6　スペクトル包絡

　幅 Pd が 2 ms のパルス（クリック音）が，周期 T = 10 ms で繰り返されるパルス列（連続するクリック音）を考えよう．図3-14に示すように，1秒間に100回繰り返される周

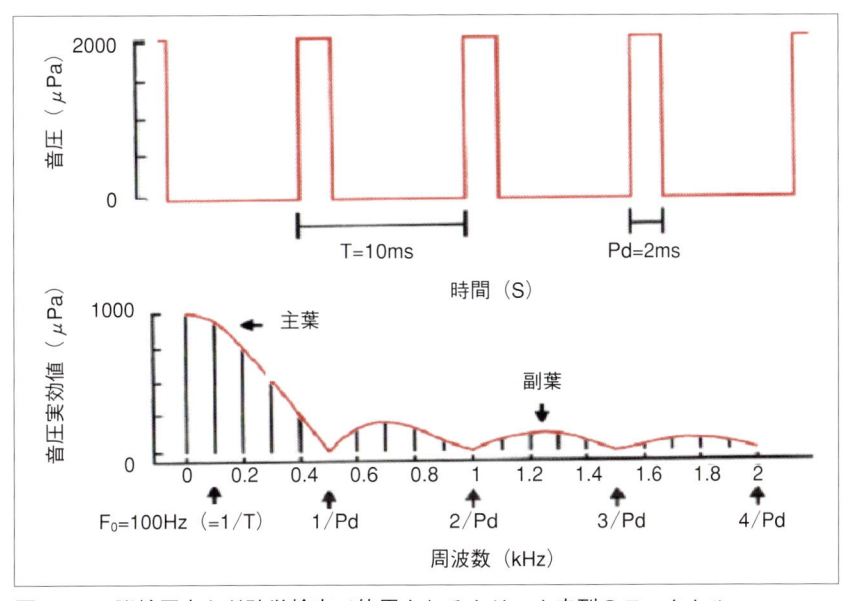

図3-14　脳幹反応など聴覚検査で使用されるクリック音列のスペクトル

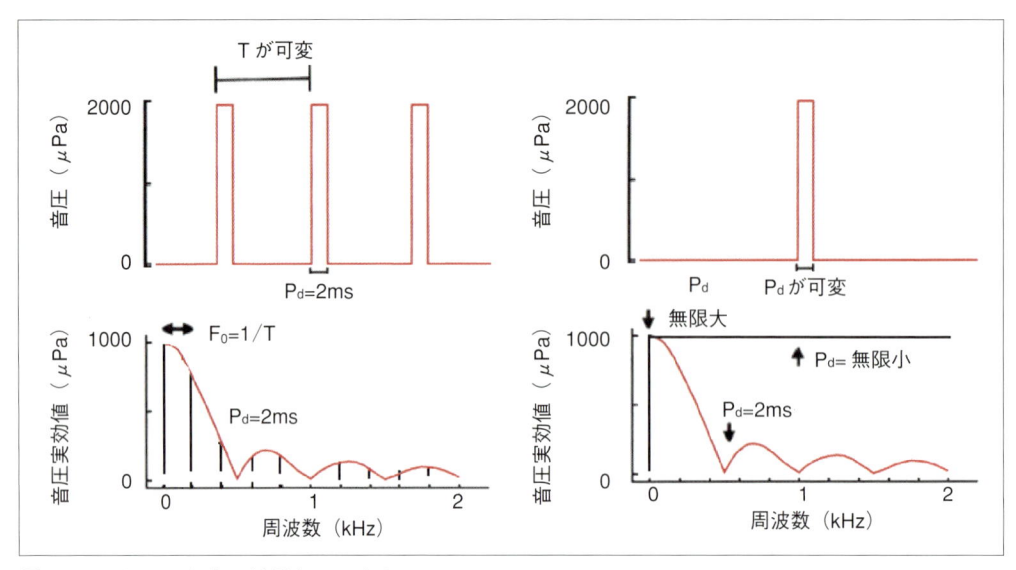

図3-15 クリック音の波形とスペクトル
（左上）周期T，幅P_dのクリック音のTを広げていくと極限で（右上）の単一クリック（パルス）音になる．このとき，スペクトルは（左下）の線スペクトルの成分が互いに近づき，$F_0＝0$（$T＝\infty$）の極限で包絡線で示した連続スペクトルになる．（右上）の単一クリックの幅P_dを小さくしていくと主葉が広がり$P_d＝0$の極限で平坦になる．逆にP_dを大きくしていくと主葉の幅が縮小し$P_d＝\infty$の極限で直流成分（周波数が零の成分）だけになる．

期音だから基本周波数F_0（$＝1/T$）は100 Hzになり，その整数倍の周波数にだけ部分音がある線スペクトルになる．成分の振幅と周波数の関係をみると，0から500 Hzにかけて最も振幅の大きな主葉（main lobe）があり，周波数が上昇するにつれて振幅が小さくなる副葉（side lobe）が繰り返されている．パルス幅P_dの逆数に等しい周波数$F_d＝$500 Hzの整数倍の周波数に零点がありそこで振幅は零になる．幅P_dのパルスをつくるためには周期P_dの正弦波は不要だということである．脳幹反応など聴覚検査でしばしば使用されるクリック音列はこのようなスペクトルをもつ．

ここで図3-15に示すように，周期Tを10 msから徐々に大きくしていく思考実験をしてみよう．Tが10 msのときF_0（$＝1/T$）は100 Hzだから線スペクトルの隣り合う線間の周波数差も100 Hzである．Tを1 sにするとF_0は1 Hz，10 sなら0.1 Hzと無限にTを大きくしていくと，最終的に隣り合う成分間の周波数差は極限で0 Hzになり，連続スペクトルになる．Tを無限大にするということはパルス（クリック音）を1個だけにするということである．この連続スペクトルは図3-15左下のスペクトル包絡と同じ形状になる．ただし音のエネルギーが小さくなるのでスペクトルの振幅は変化する．1個の孤立したパルス音の振幅スペクトルは連続スペクトルで，パルス列の線スペクトルの包絡と同じ形状になるということである．

次に周期Tは一定にしたまま，パルス幅P_dを減少させていく思考実験をしてみよう．P_dを減少させていくと主葉が零になる周波数F_dが上昇していく．零点周波数F_dは$1/P_d$だからである．P_dを無限小にした波形はインパルス（幅のないパルス）と呼ばれている．P_dを無限小にすると主葉が零になる周波数F_dは無限大になり，主葉が平坦になって，周波数成分の振幅は一定になる．

白色雑音もすべての周波数の成分を同じ振幅で含むと述べた．白色雑音では振幅も位相

もランダムに変化するのに対し，インパルスでは一定で変化しないことが異なる．

　Tを無限大にしたまま今度はパルス幅P_dを大きくしていくと，連続スペクトルの零点周波数Fdは低下していく．主葉の周波数幅は狭くなっていく．P_dが無限大になったとき，Fdは0 Hzになり，0 Hzの成分だけになる．つまり時間波形が一定値になったときの振幅スペクトルは0 Hzの成分だけになる．0 Hzの成分を直流成分，0 Hz以上の周波数成分を交流成分という．Fd = 1/Pdだから，矩形パルスの時間長P_dを長くすると，そのスペクトルの主葉の周波数幅Fdは小さくなり，時間長P_dを短くすると周波数幅Fdは大きくなる．

7　時間窓で切り出した音のスペクトル

　周期音であっても時間窓を使ってその一部分を切り出すと，周波数成分が低周波数側にも高周波数側にも広がり，線スペクトルではなくなるという現象を説明する．

　聴覚検査でトーンバーストという純音の1, 2波だけの音を使用することがある．図3-16に示すように，無限長の純音のスペクトルはその周波数の部分音1個だけの線スペクトルになる．(b)に示した1 kHzの純音から10周期分だけを切り出した長さ100 msのトーンバースト，(c)に示した4周期分だけを切り出した長さ4 msのトーンバーストのスペクトルは線スペクトルではなく連続スペクトルになり，1 kHz以外の周波数成分も含まれるという点で，1 kHzの正弦波の振幅スペクトルとは異なってくる．

　これらのスペクトルは，1 kHzの正弦波の線スペクトルを，(b)では幅100 ms，(c)では4 msの矩形パルスのスペクトルで置き換えた連続スペクトルになる．実際，トーンバーストの聞こえは短いほど1 kHzの純音とは違ってくる．このような振幅スペクトルになる理由は以下の通りである．

　1 kHzの正弦波4周期だけの波形は，1 kHzの純音に幅4 msの矩形パルスを積算したものに等しい．正弦波4周期に対応する時間だけが1で他は0であるような時間幅4 msの矩形パルスを時間窓として，それを通して1 kHzの純音を切り出した波形という意味である．時間窓で一部分を切り出された波形の場合，時間窓の連続スペクトルを左右（低周波数側と高周波数側とで）対称にして，切り出す前の波形の振幅スペクトルのそれぞれの周波数成分と置き換えた連続スペクトルになる．図3-16（c）では，したがって，1 kHzを中心にP_d = 4 msの矩形パルスの連続スペクトルが現れる．図3-14でP_d = 4 msとすると250 Hzで零になることを思い出そう．

　周期音であっても時間窓を使って一部分を切り出すと，時間窓のスペクトルの分だけ周

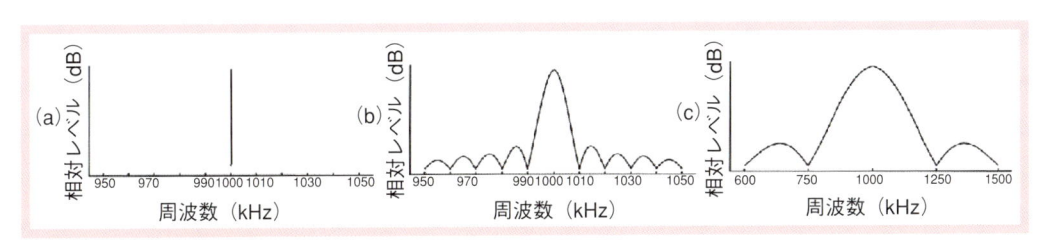

図3-16　1 kHzの純音とトーンバーストのスペクトル
　a：無限長の純音，b：1 kHzの純音から10周期分だけを切り出した長さ100 msのトーンバースト，c：1 kHzの純音から4周期分だけを切り出した長さ4 msのトーンバースト．周波数軸のスケールが違うことに注意．

波数成分は低周波数側にも高周波数側にも広がり，連続スペクトルになるということである．

8 時間分解能と周波数分解能

　話し言葉に限らず音は時間とともに変化し，時間変化が音の情報を運ぶともいえる．スペクトルも刻々と変化する．このような音のスペクトルを観測するためには比較的短い時間窓を通して音を切り出してそのスペクトルを求める．時間窓を時間軸にそって移動させ，次々にスペクトルを求めてその時間変化を観測する．このために音声分析や音響分析では時間窓が重要な役割を果たす．

　代表的な時間窓，矩形窓，ハミング窓，ハニング窓，ガウス窓を使って，正弦波を切り出すと，図3-17の波形が得られる．矩形窓で切り出した波形は切り出された区間内では元の波形と一致する．それ以外の窓を使用すると窓の中央が最大で，その前後が滑らかに零に近づくようになっている．

　矩形窓とハニング窓で1 kHz純音を切り出してスペクトルを求めると，図3-18，図3-19のようになる．どの場合も1 kHzにピークが現れるものの，そこだけに成分がある線スペクトルにはならないことに注意しよう．1 kHz以外の成分は有限時間の波形を切り出して観測したために生じた成分である．そのような余分な成分は矩形窓よりハニング窓を使用して切り出した方が小さくなり，かつ，より長い窓を使用した方が小さくなる．この現象は以下の理由で生じる．

　矩形窓つまり矩形パルスの時間幅Pdと，その振幅スペクトルの主葉の周波数幅Fdは逆比例の関係Fd = 1/Pdになることを前節で示したのを思い出そう．この関係から，矩形パルスの時間長を長くすると，そのスペクトルの主葉の周波数幅は狭くなり，時間長を短くすると周波数幅は広がることがわかる．この時間幅と周波数幅が反比例する関係はハニング窓など他の窓を使用しても同じである．このため，より長い窓を使用した方が1 kHzのピークは細くなり，かつ，1 kHz以外の余分な成分が小さくなる．

　一方，矩形窓よりハニング窓を使用して切り出した方が1 kHz以外の余分な成分が小

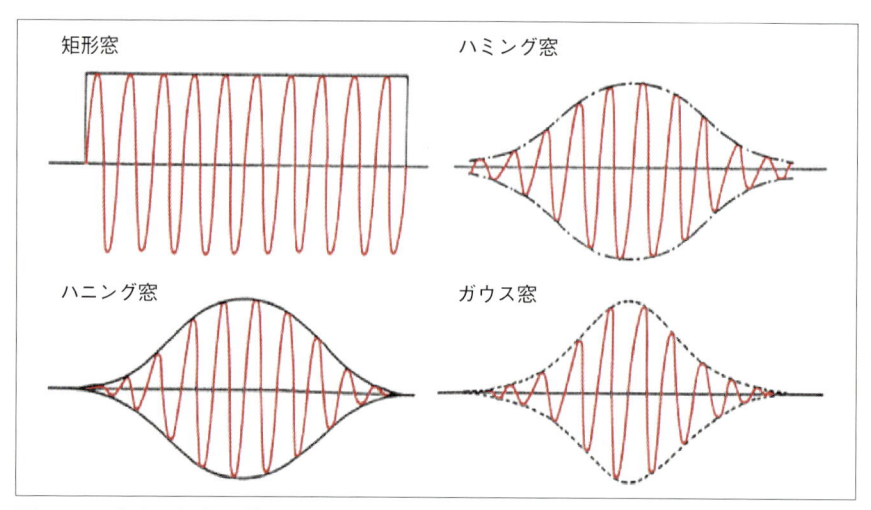

図3-17　音声の解析で使用される種々の時間窓で正弦波を10周期分切り出した波形

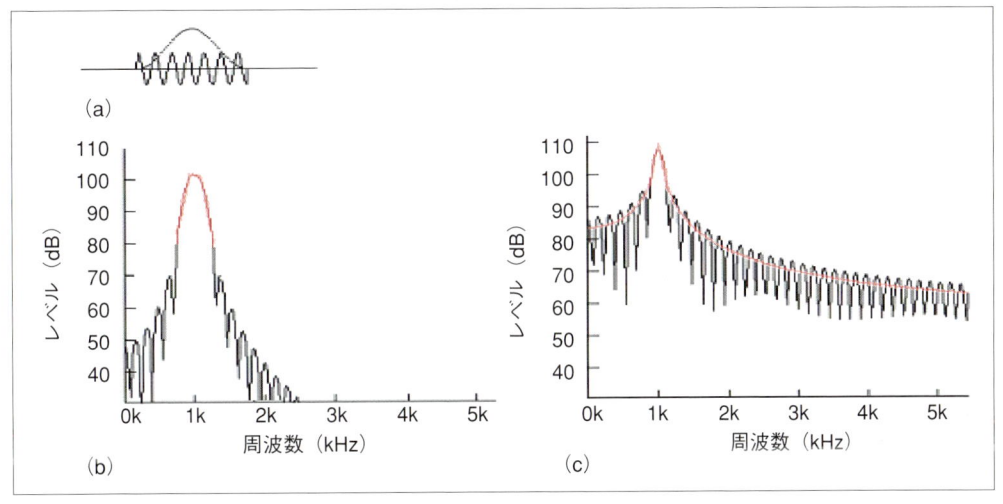

図3-18 1 kHzの純音から6.6 ms分だけ切り出した波形のスペクトル
a:矩形窓で切り出した波形とハニング窓.b:ハニング窓をかけて切り出した波形のスペクトル,c:矩形窓で切り出した波形のスペクトル.1 kHzにピークが出現するものの,その上下の周波数の成分も観測される.1 kHz以外の成分は矩形窓を使った場合の方が大きい.赤はスペクトル包絡.

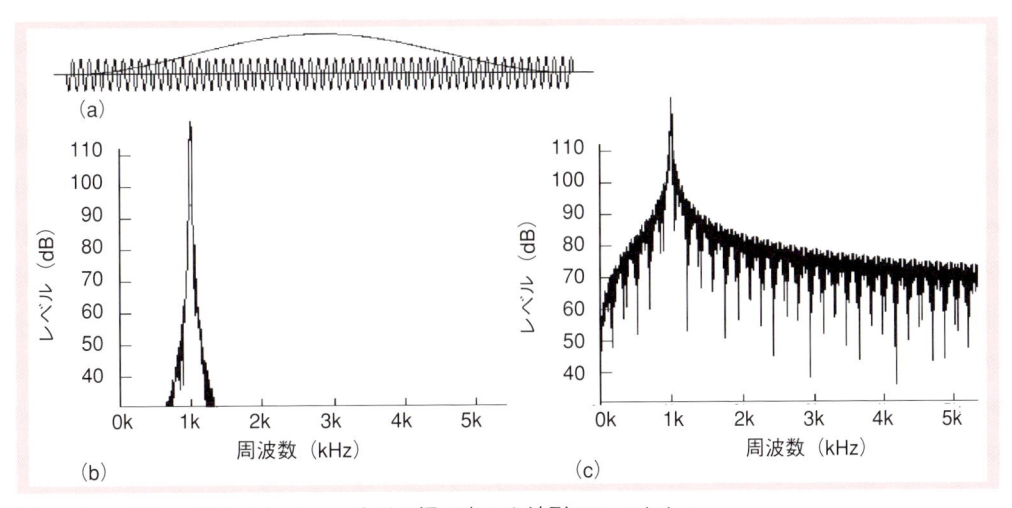

図3-19 1 kHzの純音から60 ms分だけ切り出した波形のスペクトル
a:矩形窓で切り出した波形とハニング窓.b:ハニング窓をかけた波形のスペクトル,c:矩形窓で切り出した波形のスペクトル.図3-18と比べて1 kHzのピークは細くなり,1 kHz以外の成分が小さくなる.しかし,1 kHz以外の成分はハニング窓より矩形窓を使った場合の方が大きい.

さくなるのは窓自体のスペクトルが異なるためである.矩形窓では図3-16に示したように主葉以外に副葉が現れる.そのため図3-18,図3-19のように1 kHz以外の副葉に対応する周波数に余分なピークが出現する.これは図3-16に示したトーンバーストなどでも実際に聞こえる成分である.これに対して,ガウス窓では矩形窓で現れるような副葉によるピークは出現しない.ガウス窓のスペクトルはガウス窓と同じ形状になり,副葉がないからである.ガウス窓自体は無限の時間長をもつので,これに類似した波形で有限長の時間窓が実用的である.窓の始まりと終わりが滑らかに零に漸近する時間窓として,ハニング窓,ハミング窓,ブラックマン窓など種々の時間窓が提案されたのはこのような理由による.矩形窓を使用することは特別な場合を除いてほとんどない.ハミング窓,ハニン

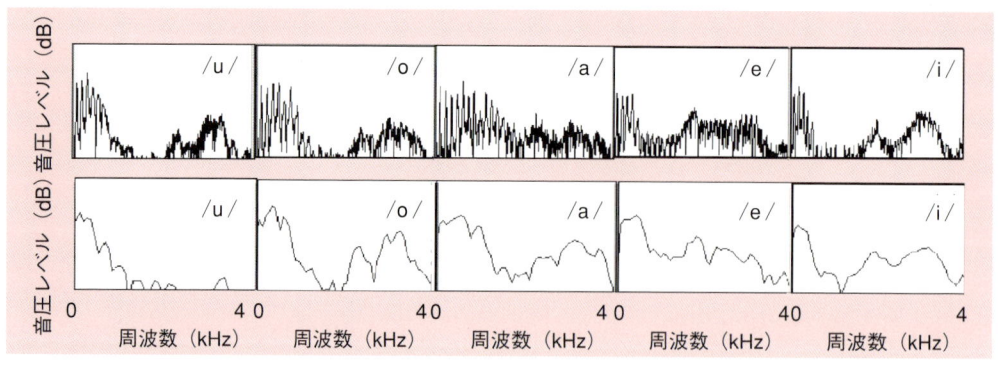

図 3-20 男性が発話した/uoaei/のスペクトルとサウンドスペクトログラム
上：長い(91 ms)ハニング窓による/uoaei/のスペクトル，下：短い(11 ms)ハニング窓によるスペクトル．

グ窓などが実用的には多用される．これらの窓でも副葉によるピークは出現するものの，図 3-18，図 3-19 からわかるように矩形窓よりは小さくなるためである．

　純音の場合，波形が変化しないので長い窓を使用した方が周波数成分はより精確にとらえられることになる．しかし，言語音声のように変化する音を観測するとき，長い窓を使ったのでは速い変化を取り出せない．つまり，時間的に速い変化を観測しようとすると，より短い時間窓を使用して波形を観測しなければならない．時間分解能は時間窓が短い方が高くなる．しかし，短い時間窓を使用すると，スペクトル上の周波数成分の周波数幅は広がるから，周波数分解能は低下する．逆に，スペクトル上の周波数成分をより精確に測定しようとすると，時間窓によるスペクトル上の周波数成分の広がりを小さくしなければならない．そのためには，時間窓を長くしなければならないから，時間分解能は低下する．時間分解能と周波数分解能を双方とも同時によくすることは理論的に不可能なのである．片方を高めると他方は低下するという関係になる．これは時間窓の時間幅とスペクトル上の周波数幅が逆比例の関係になることによる必然的な結果なのである．

　窓の長さは時間分解能を重視するか，周波数分解能を重視するかに応じて決めることになる．長いハニング窓と短いハニング窓ではどのようにスペクトルが変化するか，図 3-20 を参考に考えてみる．男性が発話した/uoaei/の各母音の中央部のスペクトルを 91 ms と 11 ms のハニング窓を使用して求めた結果である．91 ms の長い窓を使った場合，周波数分解能が高くなるので，基音とその倍音が櫛状になって明瞭に観測される．一方，11 ms の短い窓を使用した場合には，基音や倍音などは観測できず，むしろスペクトル包絡に近似する特性が観測できる．この包絡からは後に示すようにホルマント周波数など声道の共鳴特性に関連する重要な情報を読み取ることができる．

9　サウンドスペクトログラフ

　刻々と変化する音のスペクトルを観測するために，時間窓を移動させながら次々にスペクトルを求めてその時間変化を観測する．サウンドスペクトログラフはその目的に開発された．図 3-21 の（中）は長い時間窓，（下）は短い時間窓を使って描いたサウンドスペクトログラムである．/uoaei/の各瞬間におけるスペクトルは図 3-20 のようになる．図 3-21 ではある時刻での部分音の振幅（あるいはパワー）を「濃さ」で表現し，その時間変化を視覚化している．（中）の長い時間窓によるサウンドスペクトログラムは時間分解

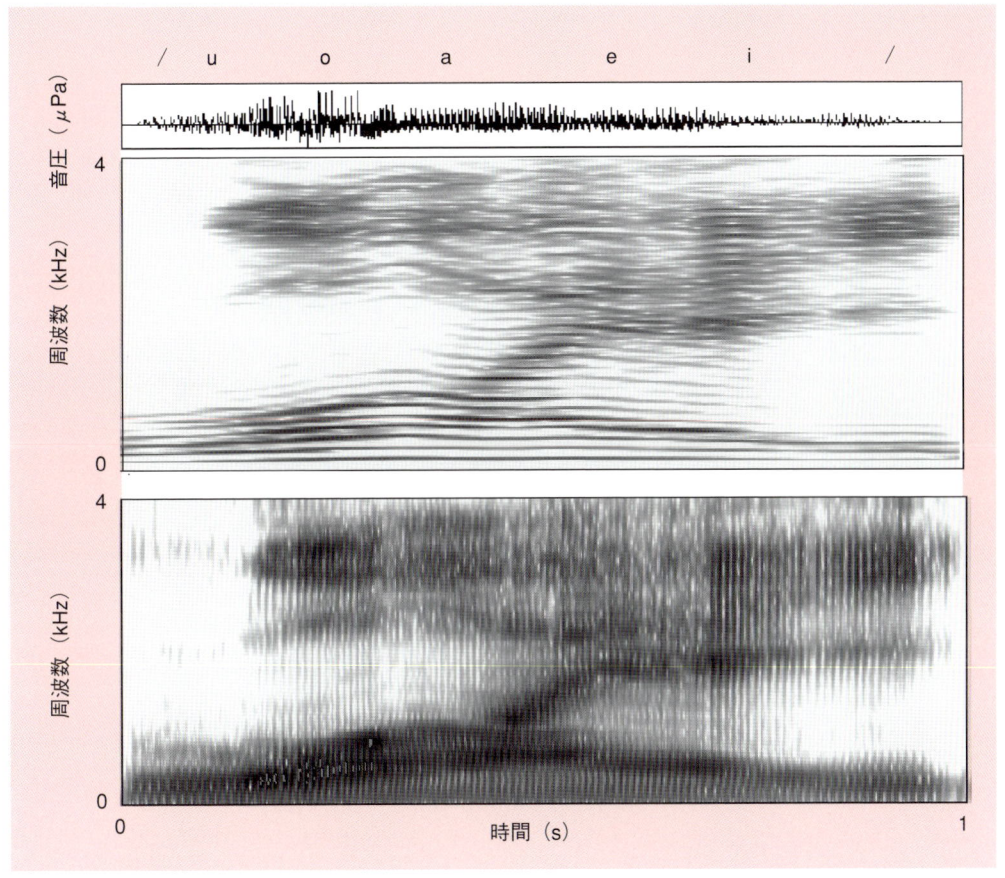

図 3-21　男性が発話した/uoaei/のスペクトルとサウンドスペクトログラム
　上：/uoaei/の音声波形，中：91 ms 長のハニング窓によるサウンドスペクトログラム．周波数分解能が高い．下：11 ms 長のハニング窓によるサウンドスペクトログラム．時間分解能が高い（計算はそれぞれ 1024 ポイントと 128 ポイントのデジタルフーリエ変換による）．

能は低いものの周波数分解能が高いため，基音，倍音の周波数変化を観測するのに適している．この周波数変化は音声の場合，声の抑揚，アクセントやイントネーションなど，プロソディと称される特性の観測に適している．一方，（下）の短い時間窓によるサウンドスペクトログラムは，周波数分解能は低いものの時間分解能が高いため，声帯振動に対応したグロッタルパルスの観測や，スペクトル包絡上で明瞭になるホルマント周波数を観測するのに適している．話し言葉では，変化の速い子音をはじめ，音素，モーラ，音節などの音響的特徴，分節的特徴と総称される特性の観測に適している．またポーズや言いよどみなどの時間的特性の観測にも適している．

第4章

伝達関数

Speech-
Language-
Hearing
Therapist

第4章

伝達関数

本章ではスペクトルの概念を拡張してフィルタの考え方を学ぼう．フィルタは音声の生成過程を理解するうえで重要な伝達関数や極と零などの概念に，さらに聴覚の仕組みを考えるうえで重要な聴覚フィルタなどの概念につながっている．また，補聴器などの伝達特性，線形性，非線形性を理解するうえでも重要な概念である．

I 線形システムの伝達関数

　補聴器などを通して音を増幅するとき，入力される音と出力される音との関係を考えてみる．補聴器の特性が「線形」であるときには，比較的簡潔な関係になる．まず，入力が純音なら，出力も同じ周波数の純音になる．ただし，最大振幅（あるいは音圧実効値）と位相が変化する．図4-1aの100 Hzの純音の例では，入出力間で音圧実効値が6 dB増加し，位相がπだけ遅れることを表している．この関係は図4-1bのようにスペクトルに類似した表現を使うとわかりやすい．音圧実効値の変化分を振幅特性あるいは利得，位相の変化分を位相特性という．振幅特性と位相特性をまとめて，フィルタの伝達特性という．
　上記の考え方を純音以外の音に拡張する．音声のような純音以外の音でも周波数スペクトルで表すと種々の周波数の部分音つまり純音の集合に分解できることを学んだ．「線形」な増幅器では周波数の異なる複数の部分音が入力されると，それぞれの部分音の振幅と位相が増幅器の利得と位相特性に応じて変化し出力される．それぞれの部分音の周波数は変化せず，増幅器の特性に応じて振幅と位相が変化した部分音の総和が出力音になるということである．そのため，振幅と位相の変化分は周波数の関数として指定されることになる．

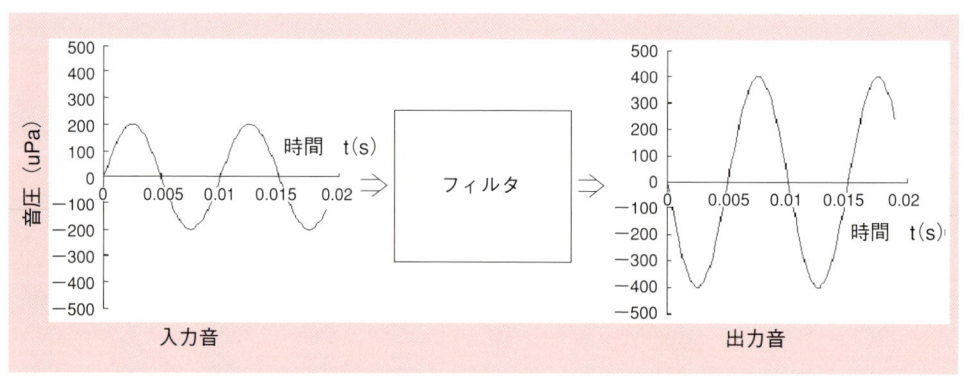

図4-1a　フィルタの振幅特性と位相特性
　100 Hzの純音を入力したとき，振幅が6 dB増幅し，位相をπだけ遅らせて出力するフィルタの例．

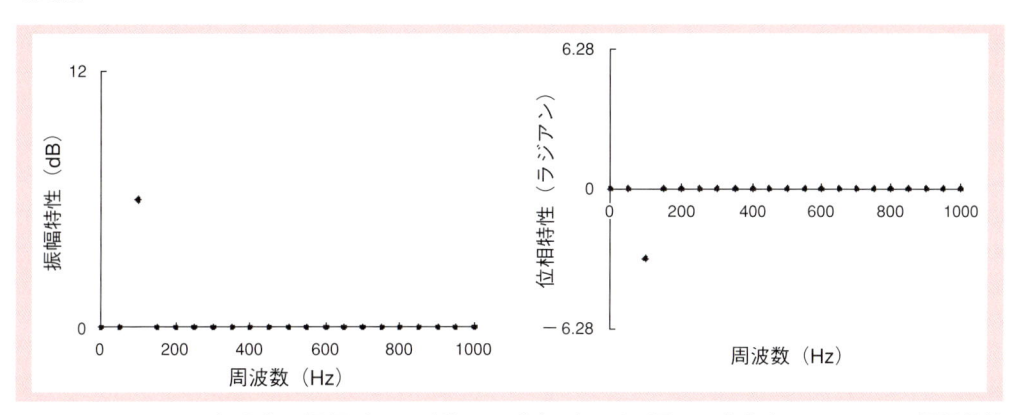

図4-1b　100 Hzの部分音の振幅が6 dB増加し，位相がπだけ遅れて出力するフィルタの振幅特性と位相特性

このように振幅特性と位相特性は補聴器などのシステムで信号を伝達するときに生じる入出力間の変化を表すので，システムの伝達特性，あるいは伝達関数という．振幅特性も位相特性も周波数の関数なので，周波数特性，周波数応答ともいうことがある．

2　フィルタ

代表的な伝達関数を学ぶためにフィルタを見ておこう．フィルタは入力音に含まれる部分音（信号なら周波数成分）のうち，必要な成分だけ通過させて，不要な成分は除去する装置である．後に考えるように，補聴器や声道での音波伝搬，聴覚の外耳，中耳，内耳の機能も一種のフィルタとしてとらえることができる．

まず，図4-2の低域通過フィルタは，低い周波数の部分音だけを出力するフィルタである．利得が3 dB減少する周波数を遮断周波数（cut off frequency）といい，これを境にして，それより低い周波数域を通過帯域，高い周波数域を阻止帯域とする．理想的な低域通過フィルタでは，遮断周波数より低い通過帯域の部分音を減衰せずに出力し，遮断周

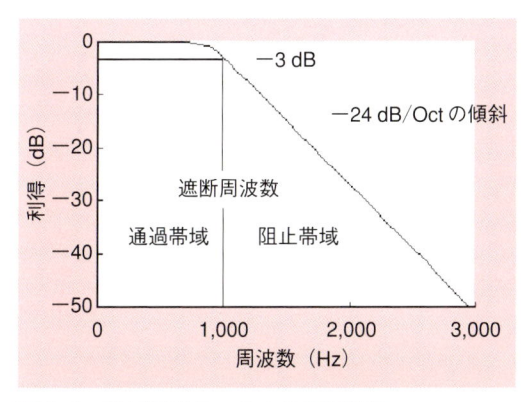

図4-2　低域通過フィルタの伝達特性
入力音の強さを0 dBとして出力音の強さをデシベルで表示する．出力が入力の半分（－3 dB）になる周波数が遮断周波数，阻止帯域での伝達特性の傾斜が－24dB/Oct（周波数が2倍になると出力が24 dB減衰する）フィルタの例．

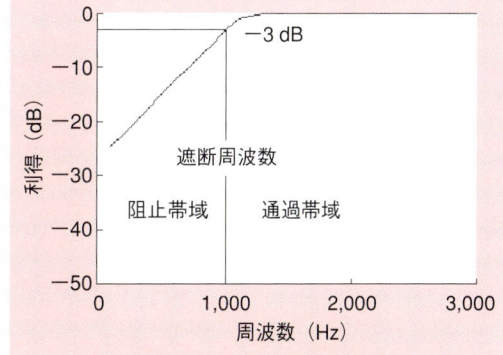

図4-3　高域通過フィルタの伝達特性

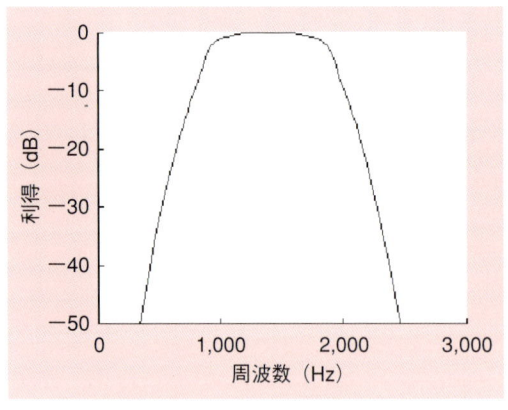

図4-4 帯域通過フィルタの伝達特性 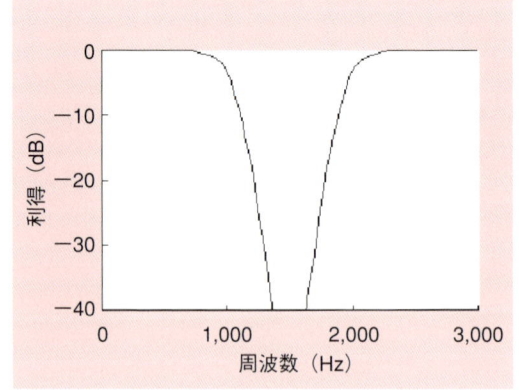　　図4-5 帯域除去フィルタの伝達特性

波数より高い阻止帯域内の部分音は出力しない．実際には通過帯域内でもある程度の減衰は生じるし，阻止帯域内でもとくに遮断周波数に近いところでは減衰が十分には大きくなくある程度は出力される．とくに遮断周波数よりも高い周波数帯域での伝達特性の傾斜が急であれば急なほど不要な周波数成分が除去され，周波数選択性が高くなる．

図4-3の高域通過フィルタは，遮断周波数より高い周波数の部分音だけを出力するフィルタである．低域通過フィルタと逆の特性になっているのがわかる．遮断周波数よりも低い周波数帯域で伝達特性の傾斜が急であれば急なほど不要な周波数成分が除去されることになる．図4-4の帯域通過フィルタは，ある周波数範囲内の部分音だけを選択する特性，逆に図4-5の帯域除去フィルタはある周波数範囲内の部分音だけを除去する特性をもつフィルタである．この2種類のフィルタは音声の共鳴特性を考えるうえで重要である．どちらのフィルタも遮断周波数が上下，2個ある特性になる．帯域通過フィルタの帯域幅は上下の遮断周波数の差で，帯域幅が狭いほど周波数選択性が高いフィルタになる．

3 極と零

音声や聴覚の学問分野で観測される伝達特性は，「極」(pole)と呼ばれる一種の帯域通過フィルタと，「零」(zero)と呼ばれる一種の帯域除去フィルタの組み合わせによって表現できる．

「極」は図4-6のように，帯域通過フィルタと共通の伝達特性をもっており，通過帯域の中心周波数で利得が最も大きく，とくに高周波数帯域で減衰が大きくなる特性である．この特性は音響音声学で重要な共鳴特性に対応している．中心周波数は共鳴周波数（ホルマント周波数），中心周波数のピークより3 dBレベルが低下する周波数の上下幅をホルマントバンド幅という．このフィルタにインパルスを入力すると，共鳴周波数で振動する減衰振動が出力される．インパルスは3章で述べたようにすべての周波数成分を同一の強さで含む波形である．このとき，出力される減衰振動はバンド幅が大きいほど速く減衰する．「極」は入力信号にある周波数成分のうち，ホルマント周波数とその周辺のエネルギーを選択して出力するフィルタであり，母音や子音の音響特性を考えるうえで重要なフィルタである．

一方，「零」は「極」とは逆の特性になり，図4-7のように帯域除去フィルタと共通の

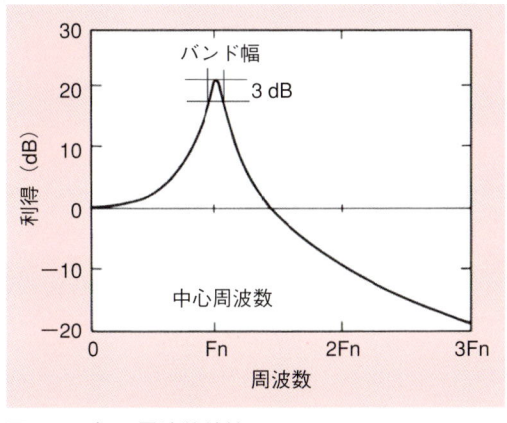

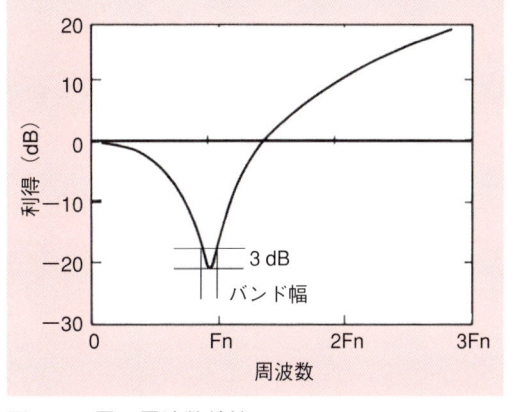

図4-6 極の周波数特性
帯域通過フィルタと共通の伝達特性をもっており，通過帯域の中心周波数での利得が最も大きく，とくに高周波数帯域で減衰が大きくなる特性．この特性は音響音声学で重要な共鳴特性を表す．中心周波数は共鳴周波数（ホルマント周波数），中心周波数のピークより3 dB低下する周波数の上下幅をホルマントバンド幅という．

図4-7 零の周波数特性
帯域除去通過フィルタと共通の伝達特性，反共鳴特性を表し，阻止帯域の中心周波数で利得が最も小さくなる．

伝達特性をもつ．「零」は音響音声学で重要な反共鳴特性に対応する．利得が最も小さくなる中心周波数は反共鳴周波数（アンチホルマント周波数）で，中心周波数から離れるほど利得が大きくなる特性である．「零」は入力にある周波数成分のうち，アンチホルマント周波数とその周辺のエネルギーを吸収して出力しないフィルタであり，鼻音などの音響特性を考えるうえで重要なフィルタである．

音声の生成過程（5章）は種々の中心周波数をもった極と零の組み合わせとして近似できる．

4 聴覚フィルタ

聴覚を多数の帯域通過フィルタの組み合わせであると考えると合理的に解釈できる現象が多い．聴覚を構成する帯域通過フィルタは，臨界帯域（critical band）や聴覚フィルタ（auditory filter）として詳しく調べられている．この帯域通過フィルタは中心周波数に応じて帯域幅が変化し，低い周波数域では帯域幅が狭く，高い周波数域では広くなる．言い換えると，聴覚は，低い周波数域では周波数分解能の高い処理をし，高い周波数域では逆に広い周波数範囲の部分音をまとめて処理していると考えられる．詳細は聴覚理論の章で学ぶことにしよう．

5 非線形システム

線形な伝達特性に比較して，非線形なシステムの特徴を理解しておこう．線形な伝達特性は入力が変化しても伝達特性そのものは変化せず一定である．これに対して，過大な入力音に対して瞬間的に利得を下げる補聴器などのように，入力に応じて伝達特性を変化させるシステムは非線形であるという．入力音のピークをクリップして，出力がある値よりも大きくならないように制限する補聴器も非線形である．この場合，純音を入力しても出力は純音になるとは限らない．線形な伝達特性では入力に無い周波数成分は出力されない

表4-1　線形システムと非線形システムの違い

特徴	線形	非線形
伝達特性の時間変化	一定で変化しないのが原則．ただし，「注目する短い時間内では変化しない」と仮定する場合がある	変化する
入力と伝達特性	入力が変化しても伝達特性は一定	入力の大きさなどに応じて変化する．たとえば，過大な入力音に対して利得を下げる補聴器
純音が入力されると	同じ周波数の純音が出力される	入力には無い純音も出力されることがある
入力の振幅がn倍されると	出力もn倍される	入力の振幅によって変化する．入力の振幅を制限する補聴器
複数の部分音が入力	入力と共通の周波数成分が出力される．ただしそれぞれの振幅と位相は変化する	入力に無い周波数の部分音も出力されることがある

のに対して，非線形な伝達特性では入力には無い周波数成分も出力されることがある．つまり，線形なシステムでは伝達特性を指定すればどのような入力に対しても出力音を予測できるのに対して，非線形なシステムでは入力を決めないと伝達特性が決まらず，したがって出力も決まらない．最近のデジタル補聴器は聞こえの最適な支援を行うために様々な非線形性が試されている．たとえば傾聴する音声だけを増幅して背景雑音を除去するという特性をもったデジタル補聴器は入力信号の特性に応じて伝達特性が変化するシステムである（表4-1）．

6　周波数応答とインパルス応答

補聴器やフィルタなどの特性を調べるとき，図4-1に示したように，純音を入力して出力音の振幅と位相がどのように変化するかを計測する．入力純音の振幅を一定にして周波数を変化させ，出力音の振幅と位相を測るのである．このようにして計測された振幅特性や位相特性は図4-8のように周波数の関数として表現できる．このような関数を周波数応答（frequency response）と呼んでいる．

入力に純音を使って周波数を変化させる方法の代わりに，インパルスを入力して出力波形を計測すると，すべての周波数に対する出力波形を一挙に計測できる．3章で学んだように，インパルスはすべての周波数の純音を重ね合わせた波形であるから，インパルスを入力するということはすべての周波数の純音を同時に入力することと同じだからである．この場合の出力波形をインパルス応答（impulse response）という．インパルス応答のスペクトルは周波数応答と同じものになる．

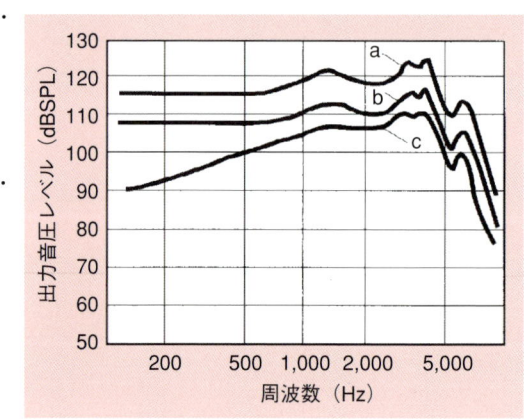

図4-8　周波数応答（frequency response）の一例
　入力音を90 dBSPL一定にして，補聴器の音質調節をa, b, cの3段階に変えて周波数応答を測定した例．

第5章 音声生成の音響学

第5章

音声生成の音響学

本章では母音がつくられる音響的な仕組みを学ぶ．日本の千葉と梶山の先駆的な研究から始まって，スウェーデンの Fant や，米国の Flanagan や Stevens らが完成させた音声の生成理論，ソース・フィルタ理論を考察する．この理論は，母音がつくられる音響的仕組みを，音源（ソース）でつくられた音が声道の共鳴というフィルタ作用によって加工される過程と考える．この理論は母音ばかりでなく子音の音響特性を理解するうえでも重要な概念である．

I 母音生成のソース・フィルタ理論

健康な声帯が周期的に振動して生成される母音を考えよう．このような有声母音では声帯振動と声道共鳴が音源とフィルタになる．

声帯振動による音源波形は，図5-1(a)のように，声帯が閉じたとき零，声門の開大期に立ち上がり，閉小期に立ち下がる三角波に近い周期的複合波になる．後に示すように，立ち上がりに比較して立ち下がりが急峻な非対称な三角波で近似できる．この音源波形の振幅スペクトルは図5-1(b)のように声帯の振動数を基本周波数 F_0 とする基音とその倍音を含む線スペクトルになる．平均的には周波数が2倍になると $-12\,\mathrm{dB}$ 減衰するスペクトル傾斜になる．これ自体は音韻性のないブザーのような音である．

一方，フィルタは入力された音源の部分音を増減して出力する．後に詳しく示すように，声道はその形状に応じて決まる特徴周波数に近い部分音を他の部分音より増幅する特性をもっている．図5-1(c)には/a/を構音したときの声道のフィルタ特性を示している．$800\,\mathrm{Hz}$，$1{,}200\,\mathrm{Hz}$，$2{,}400\,\mathrm{Hz}$，$3{,}300\,\mathrm{Hz}$ 付近にピークがあって，これに周波数が近い部分音が他より増幅される．つまり，$800\,\mathrm{Hz}$ の部分音が音源にあればその音圧は約 $30\,\mathrm{dB}$ 増幅されて声道から放射されるのに対して，$1{,}800\,\mathrm{Hz}$ の部分音が喉頭源音にあればその音圧は $0\,\mathrm{dB}$，つまりほとんど変化せずに放射されることになる．こうして音源の周波数特性が声道のフィルタ特性によって修飾されて母音/a/ができる．

増幅度を周波数の関数として表現した図5-1(c)のフィルタ特性は声道の伝達特性，ピーク周波数は声道の共鳴周波数でホルマント周波数と呼ばれる．これらは声道の形状に応じて変化する．

図5-1では理解しやすくするために放射特性というフィルタ過程を省略してある．口唇から放射される部分音は周波数に応じて振幅が変化し，$6\,\mathrm{dB/oct}$ の高域通過フィルタが加わる．したがって，音声生成過程は音源特性と声道の共鳴特性，口唇からの放射特性を加算する過程として考えることができる．音声生成過程で重要なのは音源と声道の特性

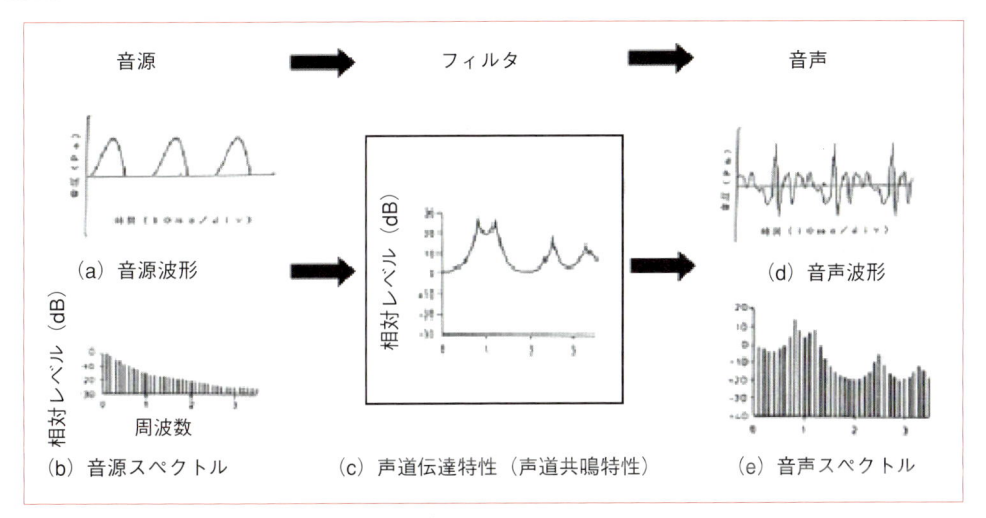

図5-1 母音生成のソース・フィルタ理論
　声道から放射される母音のスペクトルは，レベル表示された音源スペクトルと声道の伝達特性の和として求めることができる．その結果，(e) に示すように，$-12\,\mathrm{dB/octave}$ の傾斜だった音源スペクトルに，声道の伝達特性が加算された母音/a/のスペクトルができあがる．聞き手の耳に届く音声波形にはさらに話者の唇から耳までの伝達特性が加わる．

で，放射特性はほぼ一定と考えて良い．

2 有声音源

　声帯振動による音源はどのようにして生成されるのだろうか．図5-2は声帯を中心とした喉頭の断面図を示す．図5-3上部は振動している声帯を前から見た様子である．下部は声門の開口面積の時間変化パタンと声門体積速度波形である．声門体積速度波形は声門を通過していく呼気流の体積を示している．単位時間（1s）当りの体積なので声門体積速度である．これが有声音の喉頭音源になる．この波形がどのようにつくられるのかを考えてみよう．

　時点1～3は肺からの呼気圧で声門下圧が上昇し左右声帯を左右に押し開けている状態である．声帯の下部，下唇から開き始める．この瞬間には声帯の上部の上唇は閉じており，そこを通過する空気流はなく声門音源波形は零の状態である．3～4にかけて声門が開くと，声門の開口面積に応じて声門流が声道に流れ込んでいく．このとき声道内の空気柱と声門流の相互作用が起こる．声道内の空気柱にも質量があり声門流に押されても急には動けないから，声門内の空気は上下から押されて声門内圧は上昇し，それがさらに左右声帯を左右に押し開ける．声門体積速度波形は声道内の空気柱の慣性に抗して徐々に滑らかに立ち上がることになる．そのため左右声帯の開きが最大になる5の時点でも声門体積速度波形は最大値に到達しない．

　6では左右に押し広げられた声帯の変形が弾性によって元に戻ろうとするため下唇から閉じ始める．このとき上唇はまだ開く運動をしている．この状態で声門流が制限され減少し始める．さらに，声道内空気柱は慣性によって上方に運動し続けるから，声門下からの気流供給が減少し声門上では流れ去る状態になり，声門内圧は負になり左右声帯を内側に引き寄せ，7～8で下唇に遅れて上唇も急速に閉じ始める．7で下唇が閉じると声門流は

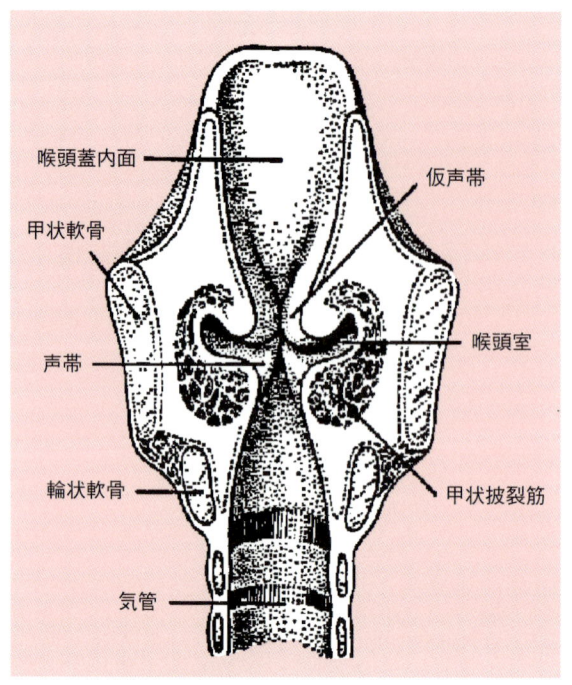

図 5-2 喉頭の断面図
　喉頭にある声帯が振動して声門音源がつくられる.

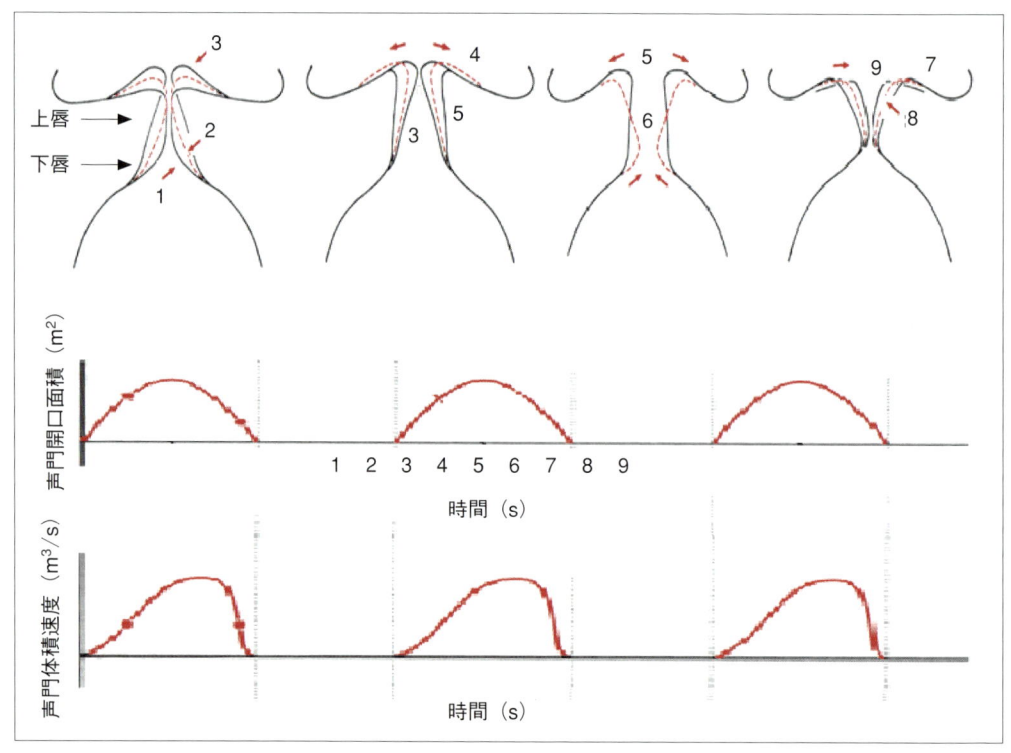

図 5-3 声帯振動と声門開口面積, 声門体積速度波形の関係
　声門体積速度波形は左右声帯間の開口面から各瞬間に声道に流れ込んでいく呼気流の時間当りの体積で喉頭音源. 図中の数値は声帯振動の各時点に対応する.

46　第 5 章　音声生成の音響学

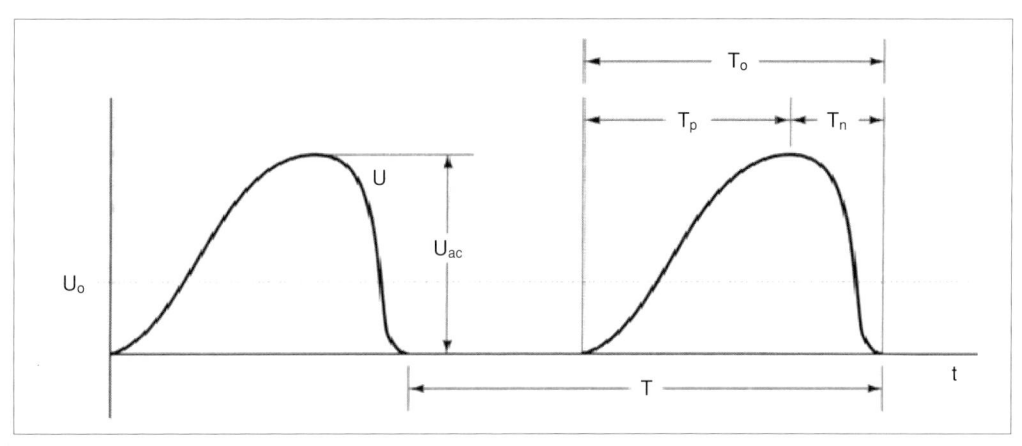

図5-4　声門音源波形のパラメータ表現
周期T：1振動にかかる時間＝基本周波数F_oの逆数，T_o：声門開放時間（声門が開いている時間）＝T_p+T_n，T_p：声門開大時間，T_n：声門閉小時間，OQ：声門開放率＝T_o/T，SQ：声門速度率＝T_n/T_p
（Titze著，新美他訳：音声生成の科学，医歯薬出版，2003から引用）

遮断されるから声門体積速度波形は急激に零に降下する．
　まとめると以下のとおりである．声門が開く時間相では，呼気圧が下唇を押し開く．さらに呼気流と声道内空気柱の慣性によって声門内圧が上昇し，それが両声帯をさらに左右方向に押し開いていく．声門が閉じる時間相では，弾性のある声帯が変形に抗して内側に戻ろうとする力が働き，それに加えて呼気流と声道内空気柱の慣性が生み出す負圧が左右声帯のまず下唇を，続いて上唇を内側に引き寄せる．声門が開く時間相では，下唇より上唇が遅れて開くので，上部の方が狭い通路になる．これは声門内圧を上昇させる要因になる．一方，声門が閉じる時間相では，下唇の方が上唇より先行して閉じるので，上部の方が広い通路になる．これは声門内圧を下降させる要因になる．声帯の弾性，呼気流と声道内空気柱の慣性の相互作用，呼気流と声門形状の相互作用が，声帯を側方に押しやる必要のあるときにはそうする力を，内側に引き寄せる必要のあるときにはそうする力を生み出し，これらが協調して声帯振動を持続させるのである．
　また，声門体積速度波形は声道内の空気柱の慣性に抗して徐々に滑らかに立ち上がり，声門の閉鎖に伴って急激に零になる．このため立ち上がりが緩やかで，立ち下がりは急峻な三角形に近い波形になる（図5-4）．
　声門体積速度波形は声門流波形とも表現され，少数のパラメータで表現される．まず声門流の周期（T）は時間的に隣り合う声門流の時間間隔を表す．声帯振動の1周期は，声門が閉じている時間（声門流が零の時間，T_c）と，声門が開いている時間（声門流が零より大きい時間，T_o）に分割でき，さらにT_oは立ち上がり時間（T_p）と立ち下がり時間（T_n）に分割できる．これらのパラメータから声質に関連する声門開放率（OQ）と声門速度率（SQ）が計算される．声門開放率（OQ）は各周期のなかで声門が開いている時間の割合を表し，T_o/Tと定義される．声門速度率（SQ）は立ち上がり時間（T_p）と立ち下がり時間（T_n）の比で，T_p/T_nと定義される．
　声門を外転させ左右声帯の間隙を大きくすると声門開放率は増大し，逆に内転させると減少する．声門開放率が0.7以上で1に近づくと，つまり声門が完全に閉じる時間が短くなると声は柔らかく「気息性」声質が増大する傾向がある．このとき声門流波形は立ち上

がりと立ち下がりが対称な波形に近づき，声門速度率（SQ）も1に近づく．逆に声門を内転させると声門開放率は減少し，とくに0.4以下になると「努力性」声質が増大する傾向がある．通常の発声の声門開放率は0.4〜0.7程度の範囲にある．

3 共鳴の仕組み

　声道の共鳴は，声道の中で起こる音波の進行と反射によって生じる現象である．

　図5-5 (a) に示すように実際の声道の形状は複雑であるものの，まず簡単に理解できるように声道を単純化して，図5-5 (b) に示すように，声門が閉じ，唇が開いている断面積一定の管とみなしてみよう．図5-6で時刻t1に声門が一瞬開いて正の音圧の声門体積流が発せられた状況を考えてみる．この音波1は唇に向かって進行していく．この進行波が時刻t2に唇に達すると，音圧の極性が反転して反射され音波2となって声門方向に戻っていく．音波2が時刻t3に声門に到達すると，音圧の極性は反転せずに反射されて音波3になって唇方向に進行していく．この進行波が時刻t4に唇に達すると，音圧の極性が反転して反射され音波4となって声門方向に戻っていく．音波4が時刻t5に声門に到達すると，音圧の極性は変化せずに反射されて音波5になって唇方向に進行していく．なぜ開いた唇では極性が反転し，閉じた声門では反転しないかは後に説明する．まず，ここでは声道内での音波のこのような振る舞いが共鳴という現象を生み出すことを理解しよう．

　図5-6からわかるように，時刻t1とt5で正の最大値，t3で負の最大値で音エネルギー

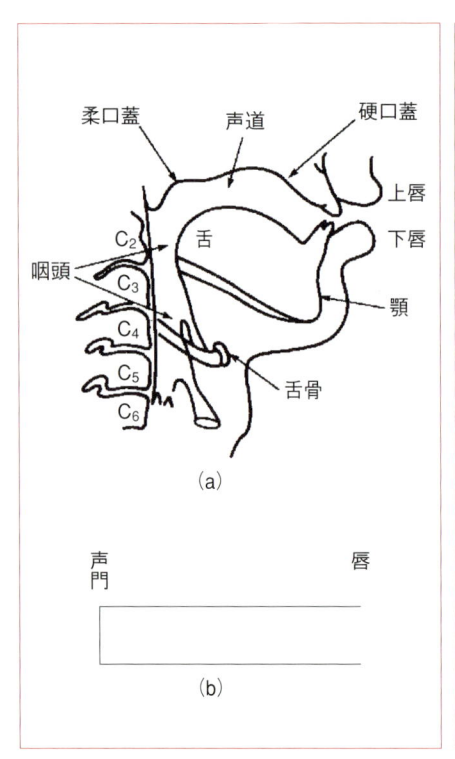

図5-5　日本語5母音を構音したときの声道の形状

図5-6　共鳴の仕組み
　　　説明は本文中．

を供給すると声道内の音波に最も効率よくエネルギーを伝達できる．言い換えると，音波が声道内を2往復する長さに一致する波長の音源が最も効率よく音のエネルギーを声道に伝達できる．これはちょうどブランコに乗っている子の背中をうまいタイミングで押してあげると小さな力で大きく揺らすことができることと同じ共鳴の条件なのである．

この共鳴の条件を満たす音波は多数ある．そのうち最も波長の長いF_1の1波長は声道長の4倍に一致することになる．声道長が17 cmだとF_1の1波長は4 × 17 cmで68 cm，音速が34,000 cm/sだとF_1の周波数は500 Hz（＝音速/波長＝34,000/68）になる．さらに，F_2，F_3など複数の音源も共鳴の条件を満たす．図から明らかなように，F_2の周波数はF_1の3倍で1,500 Hz，F_3は5倍で2,500 Hzになる．F_1，F_2，F_3は声道の共鳴周波数で，第1，第2，第3ホルマント周波数にあたる．

4　音圧の節と腹

図5-7は，開いた唇で音圧は常に零に近い値で，閉じた声門では逆に正負に最大限に変化することを示している．唇では音圧の極性が反転して反射されるため，入射音圧と反射音圧が打ち消しあって，音圧は常に零に近い値になる．これに対して声門では，音圧の

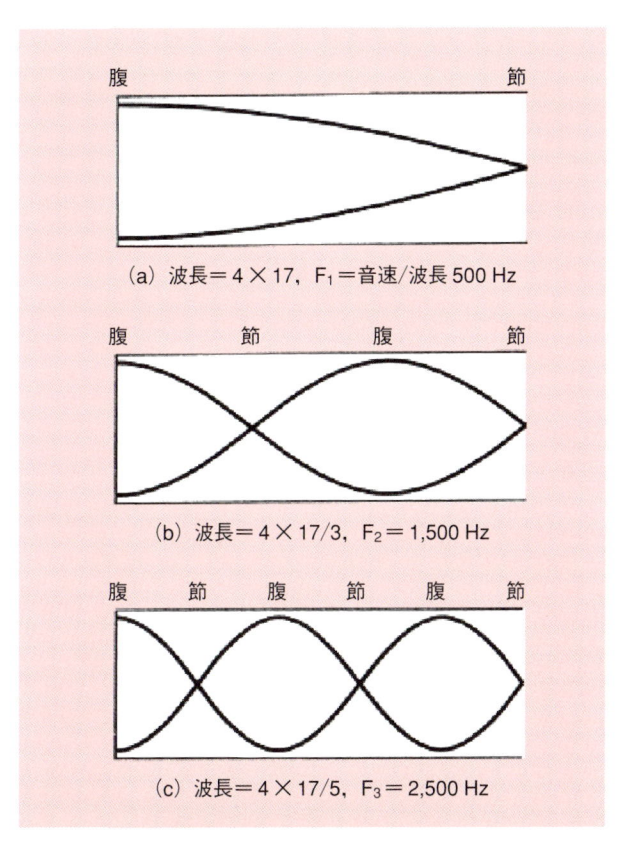

図5-7　1/4波長音響管と定在波の節と腹
　音響管（声道）の長さが17 cm，音速340 m/sとすると，第1共鳴周波数（F_1）は500 Hzになる．声門に音圧の腹，唇に節ができるような周波数で共鳴が起こるため，第2共鳴周波数（F_2）は1,500 Hz，第3共鳴周波数（F_3）は2,500 Hzになる．

極性が反転せずにそのまま反射されるため，入射音圧と反射音圧が重畳して入射音圧の約2倍になる．このため，音圧は閉じた声門で正負の最大値をとり，開いた唇で最小になる．このため，第1ホルマント周波数 F_1 の音圧は声道内で図5-7のように分布する．常に零になる点を音圧の節（node），最大限に振動する点を音圧の腹（anti-node, loop）という．F_2，F_3 では複数の節と腹が出現する．図5-7のように音圧の節と腹が一定の場所に出現すると，音波はまるで一定箇所にとどまって定在しているように見える．声道内を伝搬する進行波と反射波が重畳しあうためで，このような音波を定在波という．

最も低い共鳴周波数 F_1 の1波長の1/4が声道長になることは図5-6からも，図5-7からもわかる．このために，図5-7のように一端が閉じて他端が開いている音響管を1/4波長音響管と呼ぶのである．

5 粒子速度の節と腹

以上の議論を粒子速度の視点から展開することも可能である．音圧の変化幅が最大になる閉端では粒子速度が零になる．一方，音圧の変化幅が最小になる開口端では粒子速度の変化幅が最大になる．つまり，音圧の腹が粒子速度の節に，音圧の節が粒子速度の腹になる．見かけが逆ではあるものの同じ定在波の特徴を別の視点から表している．図5-8にChiba and Kajiyama（1941）による歴史的な研究結果を示す．

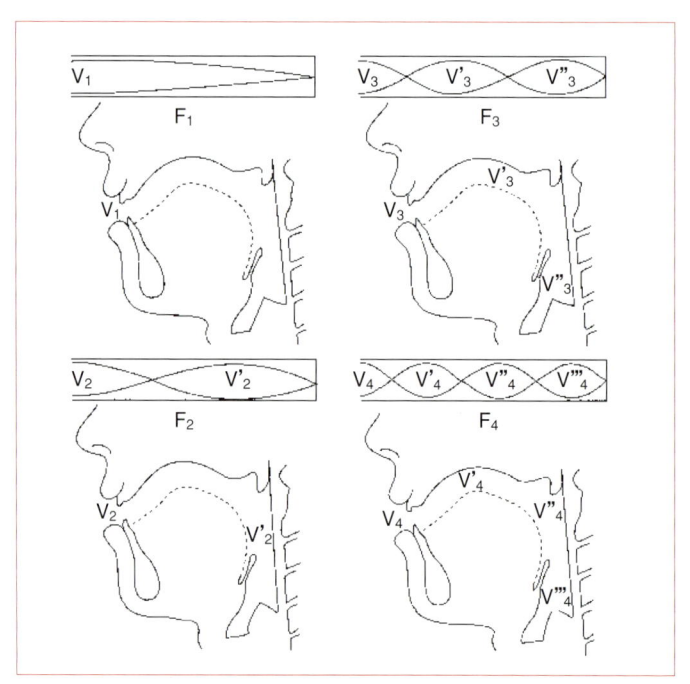

図5-8 Chiba and Kajiyama（1941）による歴史的な研究結果
　唇が左に，声門が右下に表示されている．中性母音（声道断面が可能な範囲で一様な構音の母音）は唇が開き声門が閉じた1/4波長音響管で近似できる．粒子速度の腹Vを第1～第4ホルマント周波数（F_1～F_4）に対して示した．Chiba and Kajiyama（1941）の研究が音声生成のソース・フィルタ理論の発端となった．

6　1/2波長音響管

両端が開いている音響管の共鳴を考えてみる．開口端には音圧の節ができるので，定在波は図5-9のようになる．つまり，両端が開いている音響管の共鳴は音響管の長さが波長の1/2になるような周波数で共鳴が起こる．そのため，両端が開いている断面積が一様な音響管は1/2波長音響管と呼ばれる．

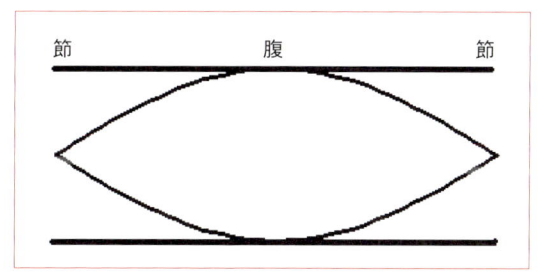

図5-9　1/2波長音響管と第1共鳴周波数の節と腹
　図5-7と比較して波長が半分になる．そのため音響管の長さが17cm，音速340m/sとすると，第1共鳴周波数は1,000 Hzになる．両端に音圧の節，粒子速度の腹ができるような周波数で共鳴が起こる．

7　ホルマント周波数を決める声道の断面積関数

現実の声道のような複雑な形状の音響管は断面積の異なる複数の音響管をつなげることによって近似できる．このような音響管の特性を理解するためには，断面積の違う音響管の境界で何が起こるかを理解することが大切である．このような境界に入射した音波は図5-10に示すように，反射波と透過波に分かれて，それぞれ反対方向に進行する音波となる．

入射波，反射波，透過波を矢印で表現する．それぞれの矢印の方向はその瞬間での音波伝搬方向，長さは音圧の大きさ，＋符号は正の音圧（圧縮化），－符号は負の音圧（希薄化）を表すとしよう．

断面積が変化すると音波は反射する．反射係数rは断面積の変化率で，$r = (A_1 - A_2)/(A_1 + A_2)$となる．$r$は$-1 \sim 1$の値になる．

管の断面積が減少する境界では，つまりA_1がA_2より大きいと，反射係数rは正の値になる．音圧p_iの入射波が来ると，r倍だけ音圧の小さい反射波$p_r = r \times p_i$が戻っていく．このため境界の左側の音圧は反射波の音圧分だけ上昇し，$p_i + p_r = (1+r)p_i$となる．無限に薄い境界面の両面で音圧は同じでなければならないから，透過波p_tの音圧も$p_t = p_i + p_r = (1+r)p_i$となって上昇する．つまり断面積が減少する境界で音圧は増幅される．断面積が減少する境界は音圧増幅器として作用する．

一方，管の断面積が増大する境界では，A_1がA_2より小さいから，反射係数rは負になる．入射波p_iに対して反射波の音圧は符号を反転させてかつr倍だけ小さくなる．そのため，正の音圧をもった入射波p_iが来ると，負でr倍だけ音圧の小さい反射波が戻っていくため，境界の左側の音圧は反射波の音圧分だけ下降し零に近づく．透過波p_tの音圧も入射波p_iと同じ分だけ下降する．負の音圧をもった入射波p_iが来ると，正でr倍だけ音圧の小さい反射波が帰ってくるから，境界の両面の音圧は反射波の音圧分だけ上昇し零に近づく．

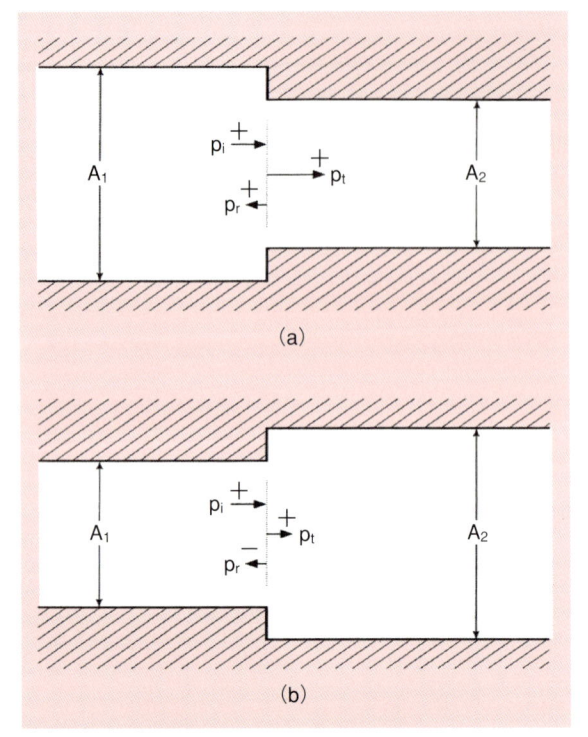

図5-10 断面積が変化すると音波は反射する
反射係数 r は断面積の変化率で，$r = (A_1 - A_2)/(A_1 + A_2)$．反射音圧は $p_r = r \times p_i$ となる．唇では唇の外の断面積が無限大になるので $r = -1$，逆に声門が閉じているときには $A_2 = 0$ なので，$r = 1$ になる．

透過波の音圧も零に近づく．つまり断面積が増大する境界で音圧は減衰する．断面積が増大する境界は音圧減衰器として作用する．

唇が開いているときには唇の外の断面積が無限大になるので $r = -1$，逆に閉じている声門に音波が向かうときには $A_2 = 0$ なので，$r = 1$ になる．図5-4で開いた唇では音圧の極性が反転し，閉じた声門では反転しないと述べたのは，このような理由による．

まとめると，断面積が減少する境界で音圧は増大するのに対して，断面積が増大する境界で音圧は減衰する．この関係は母音のホルマントを考えるうえで重要である．

8 声道の伝達特性

実際の声道形状は 1/4 波長音響管より複雑である．しかし，基本的には断面積が変化する境界面で生じる音波の反射と透過によって理解できる．たとえば図5-11（a）の母音を考えてみよう．この声道形状は図5-11（b），（c）のように断面積が異なる短い音響管がつながったものとして近似できる．この音響管の声門に音源となる音波を入力して，断面積が変化する境界面それぞれで起こる音波の反射と透過を計算し，唇から出力される音波を求める．入力と出力のレベル差を周波数ごとに求めることによって，図5-11（d）に示す声道共鳴特性，つまり声道の伝達特性を計算することができる．この伝達特性は声門に入力された音波が唇から放射されるときにレベルがどれだけ増幅あるいは減衰するか

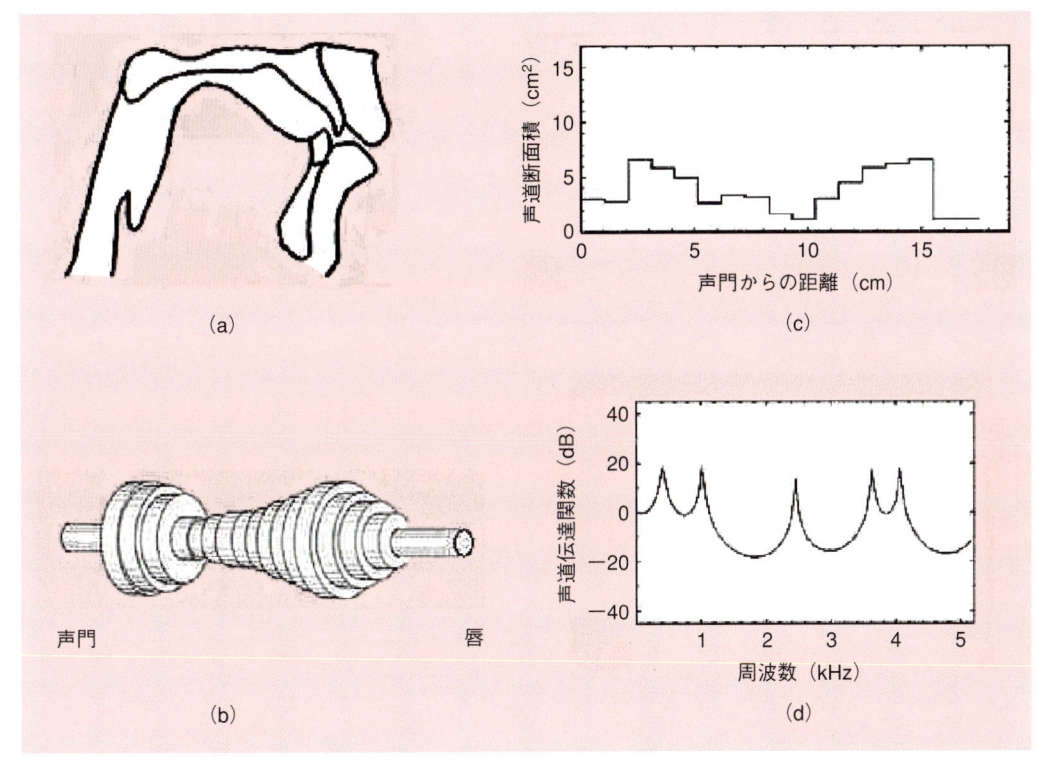

図5-11 声道の断面積関数と伝達関数
(a) ある母音を構音したときの声道の正中面形状．(b) 声道の音響管近似．声道を断面積が異なる音響管がつながったものとして近似する．(c) 声道断面積関数．声門からの距離に応じて声道の断面積がどのように変化するかを表す関数．(d) 声道伝達関数．声門に音源を入力して音響管の境界面それぞれで起こる音波の反射と透過を計算し唇から出力される音波を求める．入出力のレベル差を周波数の関数として表した図．

を表している．

　伝達特性のピーク周波数は声道の共鳴周波数で，音声の分野ではホルマント周波数と呼ばれる．各ホルマント周波数に対してそれぞれバンド幅を決めることができる．各ホルマントのピークレベルから 3 dB だけ下がったレベルでの周波数幅をバンド幅という．バンド幅は共鳴を起こした音波の減衰の速さを表し，バンド幅が広ければ広いほど減衰が速い．逆にバンド幅が小さいほど減衰は遅くなり，共鳴を起こした音波は長引く．

　現実の喉頭（声門）では反射係数が 1 より小さな値になる．発声中の声門は常に閉じているわけではなく，気管の方にも音響エネルギーは進行し共鳴を弱め声道内の音波を減衰させる要因になる．声門の開閉が無ければ声のエネルギーを生み出せない．また，唇での反射係数は -1 より 0 に近い値になる．唇から音響エネルギーが漏れ出さないと音声が聞き手の耳に届くこともない．完全反射にはならないのである．これも共鳴を弱め声道内の音波を減衰させる要因になる．さらに現実の声道では頬などの声道壁と空気粒子の摩擦などで音波を減衰させる要因がある．これらの要因が各ホルマントのバンド幅を広げピークレベルを下げる．

　声道の共鳴に起因する音波伝搬の仕組みは，補聴器のように電気的なエネルギーを使用して入力音を増幅する仕組みとは異なることに注意しよう．共鳴を起こす周波数の音響エネルギーを声道に供給し続けると，声道内に定在波が成長して音響エネルギーが蓄積され「増幅」と表現できる現象が起こるのである．声道壁との摩擦，声門や唇からのエネルギー

漏洩などの損失があるため，音源からのエネルギー供給を止めると定在波は急速に減衰してしまう．エネルギー損失のない理想的な音響管に共鳴周波数の音響エネルギーを供給し続けると，蓄積された音響エネルギーによって音響管自体が破壊されてしまうこともある．このように声道共鳴は興味深い現象であり，様々な言語音を作りだす重要な仕組みでもある．

様々な声道形状に対して共鳴特性を計算してくれるソフトウエアが公開されている．たとえば，Vtcalcs（http://www.cavi.univ-paris3.fr/ilpga/ed/student/stmt/VTCalcs/vtcalcs.htm, http://www.cns.bu.edu/~speech/VTCalcs.php）や VTDemo（http://www.phon.ucl.ac.uk/resource/vtdemo/）などからソフトウエアをダウンロードして，声道の形状とホルマント周波数の関係を調べてみることができる（第14章実習課題を参照しよう）．

9 基本母音の伝達特性

基本母音の/a/，/i/，/u/の第1，第2ホルマント周波数を考えてみよう（図5-12）．

/i/のように口腔側に断面積の小さい音響管がある声道形状と，逆に/a/のように咽腔側に断面積の小さい音響管がある声道形状を考えてみよう．

前舌母音/i/の第1ホルマントの音圧分布を考えると，口腔側で断面積が減少するからその境界で音圧が増幅され，音圧の節が唇より遠方にあるかのような定在波ができる．そのため波長が延長して共鳴周波数が低下する．つまり，第1ホルマント周波数が低下する．一方，口腔側の断面積の小さい音響管で第2ホルマントに対応する音圧分布を考えると，両端で断面積が増大するから，音圧の節がこの音響管の両端に形成されて，波長が短くなり，第2ホルマント周波数が上昇する．前舌母音/i/では第1ホルマント周波数が低下し，第2ホルマント周波数が上昇する．

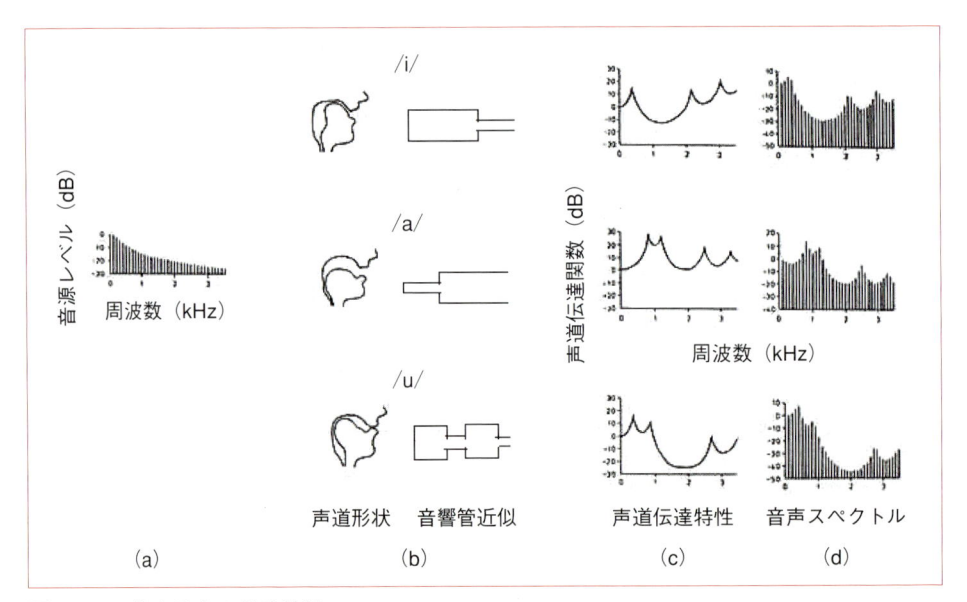

図5-12 基本母音の共鳴特性
(a) 声帯振動によってつくられる声門音源のスペクトル，(b) 基本母音/i, a, u/の声道形状と音響管近似，(c) 声道の伝達特性，(d) 音声のスペクトル

一方，後舌母音/a/では何が起こるだろうか．第1ホルマントに対応する音圧分布を考えると，咽喉に対応する音響管の境界で断面積が増大するから音圧が減衰し，音圧の節がこの境界付近に形成される．そのため波長が短縮して，第1ホルマント周波数が上昇する．一方，第2ホルマントに対応する定在波を考えると，やはり断面積が増大する境界付近に音圧の節が移動して波長が長くなり，第2ホルマント周波数が低下する．後舌母音/a/では第1ホルマント周波数が上昇し，第2ホルマント周波数が低下する．

　/u/や/o/のように唇を狭くしていくと何が起こるだろうか．断面積が減少する境界で定在波の音圧が増幅されるから，音圧の節が開口端より外側にあるように定在波が形成される．そのためすべてのホルマント周波数が低下していく．この形状は/u/や/o/に観測される状況である．

　上記の関係は中性母音を基準に考えると以下のように簡潔にまとめることができる．
1) 音圧の腹付近で声道の断面積が減少するとホルマント周波数は上昇する．
2) 逆に音圧の節付近で声道の断面積が減少するとホルマント周波数は下降する．
1) は/i/のF_2や/a/のF_1で生じる．
2) は/i/のF_1，/a/のF_2，/u/のF_1，F_2で生じる．

　声道の形状を変化させると，ホルマント周波数やバンド幅がどのように変化するか，模擬できるプログラムが開発されている．このようなプログラムを使うと，声道形状とホルマント，さらには生成される音声まで確認できる．

10　アンチホルマント

　鼻音化した母音や鼻子音のように声道に分岐がある場合の伝達特性を考えてみよう．まず，鼻腔と口腔が分離して鼻音化していない母音の場合，図5-13（a）のように正のピークをもつ単峰性のホルマント特性が重なりあい，ピークとピークの間は滑らかな負で尖ったピークは目立たない．これに対して鼻音化母音や鼻子音では，口腔，鼻腔，副鼻腔の共鳴特性とこれらの腔の形や結合の度合いに応じて変化する反共鳴特性（アンチホルマント）が重要になってくる．図5-13（b）に示した鼻音化母音の例では，鼻咽腔間が$1.0\,\mathrm{cm}^2$開いて結合した場合の声道伝達特性を示す．上向きの矢印で示したように，負のピークが出現しているのがわかる．この負のピークはアンチホルマントの影響で出現したもので，この周波数に近い部分音は減衰することになる．アンチホルマントがあると負のピークが現れるばかりでなく，ホルマントと干渉しあってホルマント周波数とは違う周波数に正のピークが出現する．ホルマントとアンチホルマントは普通近接して現れ，前者は部分音の強調，後者は減弱を引き起こすから鼻音のスペクトルは非鼻音に比べて細かい凹凸が顕著な特性になる．

11　子音の生成モデル

　ここまでは母音や鼻音化母音を中心に音声の生成過程を考えてきた．この考え方は子音にも拡張できる．子音で注意すべきなのは，音源のスペクトル特性や声道内での音源の位置が母音とは違ってくること，音源も声道の伝達特性も時間的変化が速いことなどである．
　まず音源を考えてみよう．音声言語における音源には，声帯の周期的振動によって生じ

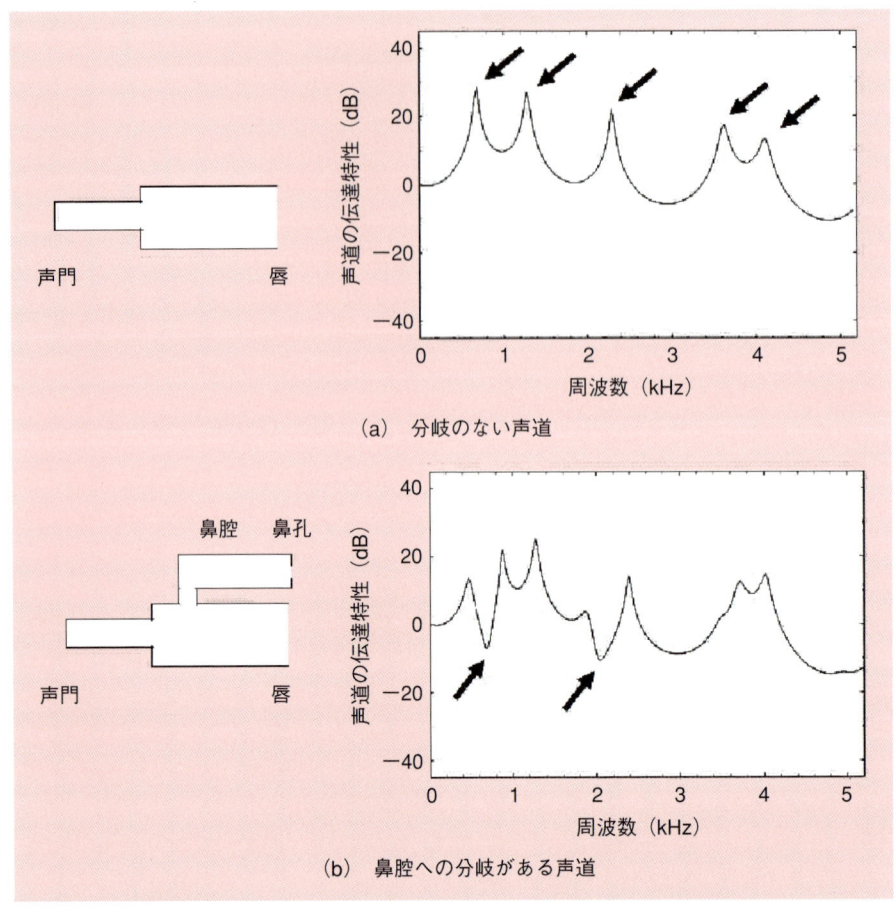

図5-13 分岐のない声道（a）と鼻腔への分岐がある声道（b）の伝達特性
　鼻音化していない母音は（a）のように上向きのピークをもつ単峰性のホルマント特性が重なりあう．母音が鼻音化すると，反共鳴特性（アンチホルマント）が顕著になり，下向きのピークが出現する．

る有声音源の他に，声道内の狭めに発生する摩擦音源，声道閉鎖の急激な解放に伴って発生する破裂音源がある．破裂に引き続いて摩擦が生じる破擦音源もある．破裂音は瞬間的で短い雑音，摩擦音は持続性のある雑音，破擦音は急峻な立ち上がりを伴った持続性雑音である．いずれも周期をもたない雑音で連続スペクトルになる．

　これらの音源の周波数成分が声道の伝達特性によって加工されて言語音となる過程は母音の生成過程と同様に考えることができる．摩擦や破裂音源が声門にある場合は母音の生成過程とほぼ同様と考えることができる．しかし，これらの雑音源が口唇や歯茎，硬口蓋，軟口蓋など声道の途中に発生する場合には声道の伝達特性が母音とは幾つかの点で違ってくる．

　実質的にフィルタ作用をする声道が音源位置から口唇に至る区間だけと見なせる場合が多く，その場合1/4波長音響管の長さが短くなるから，共鳴周波数が上昇する．「た」の子音のような閉鎖音では声道形状の変化が速く，声道の伝達特性，つまりフィルタ特性も速く変化する．

　この章のまとめとして，図5-14に示す有声母音［ə］と子音［s］を例に考えてみる．図5-14の左列に示した有声母音の場合，音源は声帯振動によって声門にあって，音源特

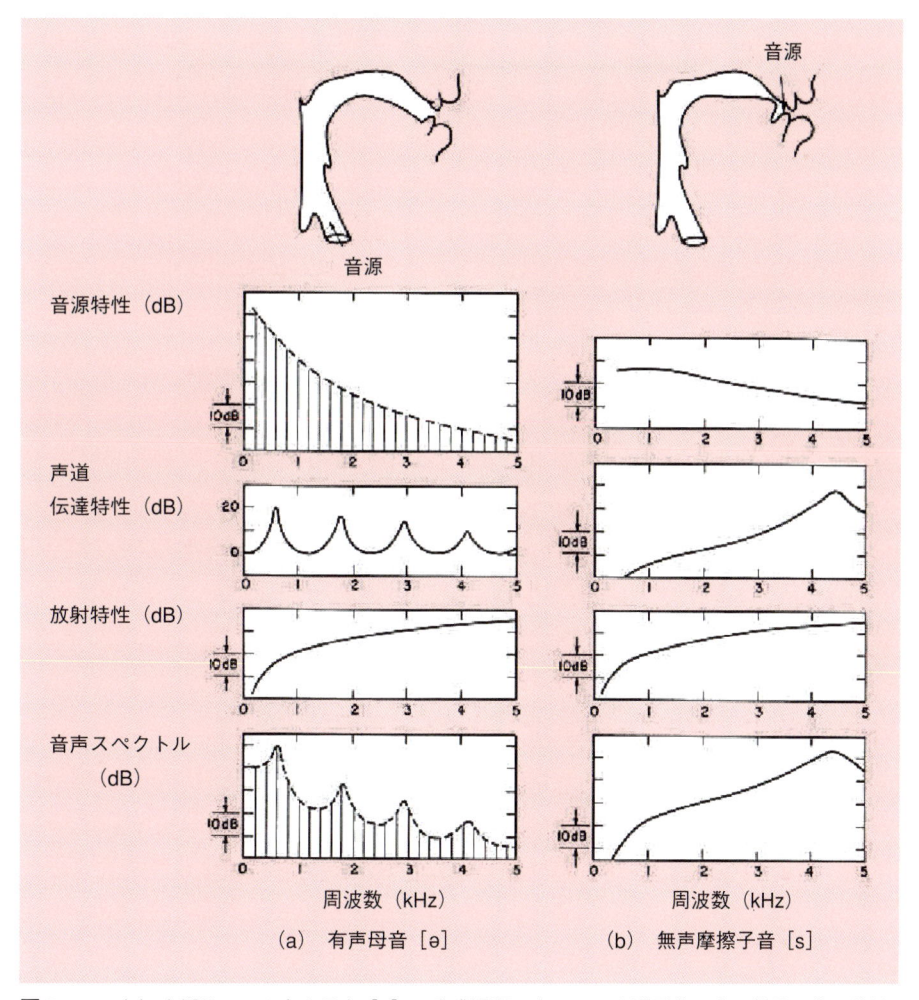

図5-14 (a) 音響的にみた有声母音 [ə] の生成過程：上から，声道形状と音源位置，音源特性，声道伝達特性，放射特性，音声スペクトル．音声スペクトルは音源特性，声道伝達特性，放射特性の和として求めることができる．(b) 子音 [s] の生成過程
(「K. N. Stevens：Acoustic Phonetics, MIT Press, 1998」一部改変)

性は基音と倍音からなる線スペクトルになる．この音源特性が声道の伝達特性によってフィルタ作用を受け，さらに口唇から放射されるときに低周波数成分が減衰するような放射特性によるフィルタ作用を受ける．デシベル表示された母音音声のスペクトルは，音源特性，声道伝達特性，放射特性の和で表現できる．

図5-14の右列に示した子音 [s] でも基本的には同じ過程が起こる．しかし，子音 [s] では歯茎付近の声道の狭めから噴射される気流によって，狭めより口唇に近い部位に雑音源ができ，これが音源になる．音源スペクトルは連続スペクトルである．この雑音源から発した音波は，狭めの出口から口唇に至る空間の伝達特性によってフィルタ作用を受ける．狭めより喉頭よりの空間は，狭めが十分に狭いと前方の空間と音響的に分離してしまうため，フィルタ作用には関与しない．そのため，狭めの出口から口唇に至る空間の長さに応じた共鳴周波数が出現し，4 kHz 以上の高い周波数にスペクトルピークをもつことになる．子音も母音と同様に放射特性によるフィルタ作用を受ける．できあがる子音 [s] のスペクトルは，音源特性，声道伝達特性，放射特性の和で表現でき，連続スペクトルになる．

第6章 音のデジタル信号処理

Speech-
Language-
Hearing
Therapist

第6章

音のデジタル信号処理

　デジタル信号理論やパーソナルコンピュータの発展によって，音声の録音・再生，波形表示・編集，スペクトル（音源と共鳴の特性）推定，サウンドスペクトログラフによる音声の特徴解析，基本周波数の分析（超分節的特徴，アクセント，イントネーション），ホルマント周波数の分析（分節的特徴），さらには音声合成や病的音声の音響分析的検査，基本周波数や振幅の揺らぎ，雑音成分の評価などが簡単にできるようになってきた．本章ではデジタル信号処理の基本的な考え方を学ぼう．

1 声の音声分析

　コンピュータを使用して音声を解析する方法を考えてみよう．音声解析ソフトの基本的な構造は，図6-1に示すように，1) 連続信号をデジタル信号に変換してコンピュータが解析できる形式で音声信号を記録する段階，2) 目的に応じた解析をして結果を取り出すデジタル信号処理の段階，さらに場合によっては，3) デジタル信号をアナログ信号（連続信号）の音声として聞き取れるように変換してスピーカーに出力する段階に分けられる．
　コンピュータが解析できる信号はデジタル信号なので，アナログ信号をデジタル信号に変換する過程は必ず必要になる．まずデジタル信号とは何かを考えてみよう．

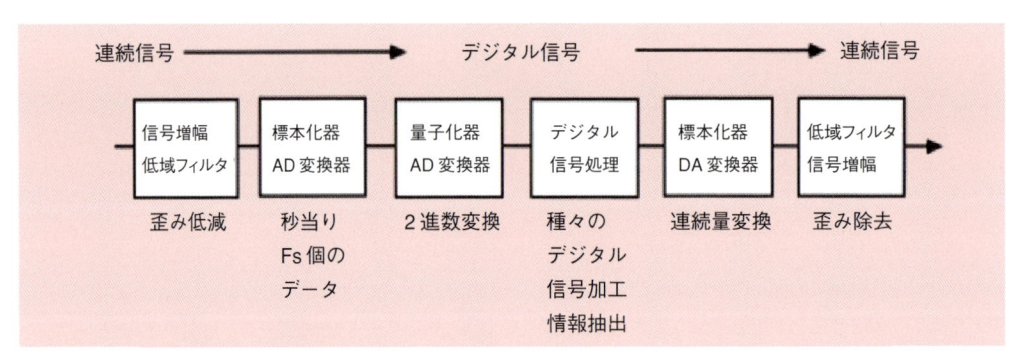

図6-1　音声のデジタル解析の流れ
　アナログ信号をデジタル信号に変換する段階では標本化と量子化が重要である．目的に応じて様々なデジタル信号処理手法が開発されている．

2 アナログ信号とデジタル信号

　アナログ信号（連続信号）というのは図6-2 (a) の信号1，2のように時間も振幅も

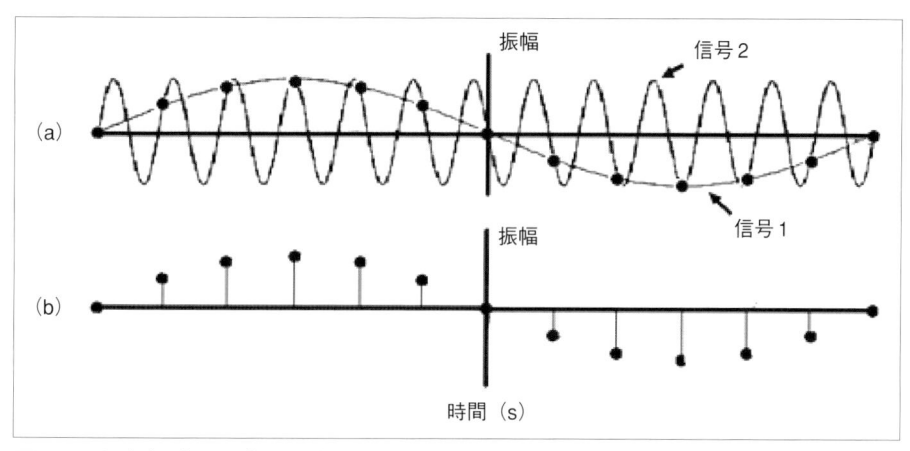

図6-2 標本化（サンプリング）
　アナログ信号（a）を等時間間隔で読み取って標本化（サンプリング）し，さらに2進数に変換して量子化し，(b)のデジタル時系列信号に変換する．アナログ信号1と2は同じ時系列信号になり，区別できない．

無限に細かい刻みで，つまり連続量として表現されている信号のことである．空気振動としての音声やアナログの録音機に記録された音声はアナログ信号である．

　これに対して，デジタル信号は，図6-2（b）のように飛び飛びの時刻だけの信号を離散値で表現したものである．離散値というのは無限に細かい値を表現する実数ではなくて，次節で述べるビットを使って2進数で表現するということである．アナログ信号である音声をコンピュータで処理するためには，特定の時刻だけの信号を標本として読み取り（標本化し），その振幅を2進数に変換して（量子化して），デジタル信号にする．標本化と量子化によってアナログ信号をデジタル信号に変換するので，この操作をまとめてAD変換（analog-to-digital transform）という．図6-2（b）のように一定の時間間隔で標本化され量子化されたデジタル信号は時系列信号，または単に時系列（time series）と表現される．

　一定時間間隔（T_s）で連続信号を標本化（サンプリング）すると，1秒間に$F_s = 1/T_s$個のデータが得られる．F_sは標本化周波数またはサンプリング周波数（sampling frequency），T_sは標本化周期（sampling period）と表現される．たとえば，0.01秒ごとに1回，1秒間に100個の信号を標本化すると，$T_s = 0.01$ s，$F_s = 100$ Hzとなる．サンプリング周波数は，以下の点で重要である．

　1）時間軸の細かさを決める．F_sが高ければ高いほど信号処理の時間分解能が高くなる．つまり信号の速い時間変化をより正確に記録できる．周波数の高い信号は振幅変化が速いから，F_sが高いほど高い周波数の信号を正確に記録できるということである．声の基本周波数のゆらぎを解析するときなどには十分高い値にする必要がある．ただし，F_sが高ければ高いほど時系列の数は増大するから，メモリーを食うことになる．

　2）サンプリング周波数の半分の周波数にはナイキスト周波数F_nという特別な名前がついている．ナイキスト周波数以上の周波数成分を含む連続信号をAD変換すると，復元できない歪みを引き起こしてしまう．逆にいえば，ナイキスト周波数以下の周波数成分しか含まない信号なら，AD変換してもデジタル信号からアナログ信号を復元できる．

図6-2を再度みてみよう．$F_s = 12\,\mathrm{Hz}$ で，ナイキスト周波数 $F_n = 6\,\mathrm{Hz}$ ある．周波数 1 Hz の信号1も13 Hz の信号2も AD 変換すると同じ時系列になるので，区別できない．元のアナログ信号が1であったか，2であったかわからなくなるということである．このようなことが起きないように AD 変換するまえに，ナイキスト周波数より高い部分音を低域フィルタで除去してしまう．図6-1の最初に低域フィルタがあるのはこのためである．そうすると，信号2のようにナイキスト周波数より高い周波数の部分音が含まれていないので，時系列から元のアナログ信号を復元できる．

図6-2で AD 変換すると 1 Hz の信号1と区別できなくなるアナログ信号は，$F_n + 1\,\mathrm{Hz}$，$2F_n - 1\,\mathrm{Hz}$，$2F_n + 1\,\mathrm{Hz}$ など，信号2だけではなく，無数にあることが証明されている．ナイキスト周波数より周波数の高い部分音があると，ナイキスト周波数より低い周波数の部分音があるかのような歪みを生み出す．この現象はナイキスト周波数 F_n を境に信号周波数が折り返されて F_n 以下の偽信号として現れる現象なので，折り返し歪みと呼ばれている．

サンプリングをする場合には，したがって，信号の最高周波数の2倍以上にサンプリング周波数を設定するか，図6-1に示すように，あらかじめ信号を低域フィルタに通してナイキスト周波数以上の周波数成分を除いてしまうかして，折り返し歪みを起こさないように注意する必要がある．

最近のパーソナルコンピュータの音声入力は 44 kHz などの高いサンプリング周波数になっている．これは 22 kHz までの情報が保存されることを意味する．

3 量子化と量子化雑音

サンプルされた信号はビットを使ってデジタル数値（2進数）に変換される．この操作を量子化という．1ビットは1個のメモリーで，0か1かを表現する．したがって，1ビットで振幅を表現すると，0か1かの2段階で信号の振幅を表現することになる．2ビットでは 00, 01, 10, 11 の4段階で表現する．表6-1に示すように，ビット数が多いほど振幅表現の精度が高くなる．n 個のビットを使うと2の n 乗倍の段階数で振幅を表現できる．最近の AD 変換機では16ビットの量子化器が使われることが多く，65536段階の細かさで振幅を表現することになる．

図6-3に示すように，最大振幅が10であるアナログ信号を AD 変換する装置を考えてみよう．この AD 変換機が1ビットしかなければ，つまり2段階に量子化すると，最適に調整しても1段階当り5以上の誤差が生じることになる．しかし，16ビットなら，10/65536段階 = 0.00015 の誤差しか生じない．

表6-1 使用ビット数と振幅表現の量子化段階数
通常のパーソナルコンピュータは16ビットの装置を備えている．

ビット数	量子化段階数	ビット数	量子化段階数
1	2	8	256
2	4	16	65536
4	16	32	4294967296

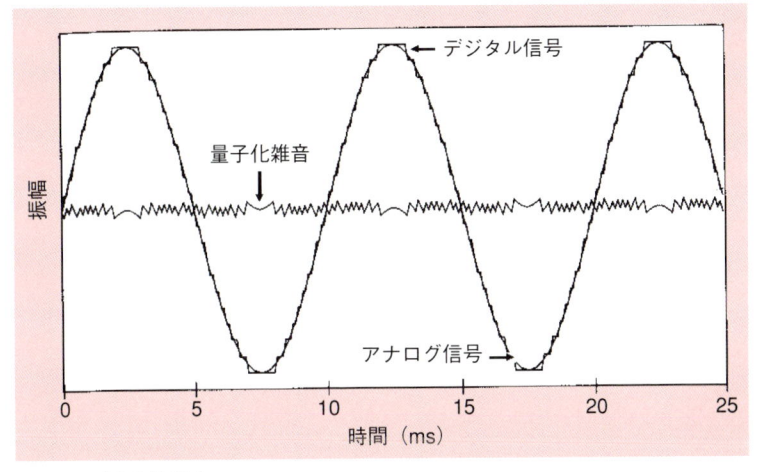

図6-3 量子化雑音
　アナログ信号（A）をデジタル信号（D）に変換する．AとDは完全には一致せず，A-Dの差異が生じる．これが量子化雑音である．量子化に使用されるビット数を多くして，アナログ信号（A）の変動範囲を過不足無くカバーするとき，量子化雑音が最小になる．

　元のアナログ信号の振幅と量子化されたデジタル信号にはこのような誤差が生じる．この誤差は量子化雑音として信号の歪みになる．ビット数が大きければ大きいほど，量子化雑音を小さくできる．ただし，同じビット数でも変換するアナログ信号の最大振幅が小さければ，量子化雑音は信号の最大振幅に対して相対的に大きくなる．AD変換では，信号の振幅に対して量子化雑音をできるだけ小さくするために，ビット数を大きくし，アナログ信号の最大振幅をAD変換器の許容範囲内でできるだけ大きくすることが必要である．使用できるビット数の範囲をアナログ信号の最大振幅が超えてしまうとオーバーフロー，逆に小さすぎるとアンダーフローが生じて，両方とも耳障りな量子化歪みを生み出すので注意する．

4　パワースペクトル

　音声録聞見を使って様々な音声解析の方法を学ぶ．
　まず図6-4に示した音声のパワースペクトルをみてみよう．図6-4に示す/a/の中央部分を，長いhanning時間窓を通して切り出した波形のパワースペクトルである．基本周波数成分（F_0）とその倍音が明瞭に観測できる．パワースペクトルと重なっている滑らかな曲線は後述の線形予測法で求めたスペクトル包絡で，ホルマントに対応してピークを表す．
　一方，図6-5に示したパワースペクトルは，短いhanning時間窓を通して切り出した波形のパワースペクトルである．基本周波数成分（F_0）とその倍音は観測できないものの，ホルマントが明瞭に観測できる．
　パワースペクトルはデジタルフーリエ変換（DFT）という方法で計算される．計算上の理由から長さNの時間窓で切り出された信号が無限に繰り返されるものと仮定して計算される．周期の無い信号でも周期NT_s（サンプル数×サンプル周期）の信号として計算

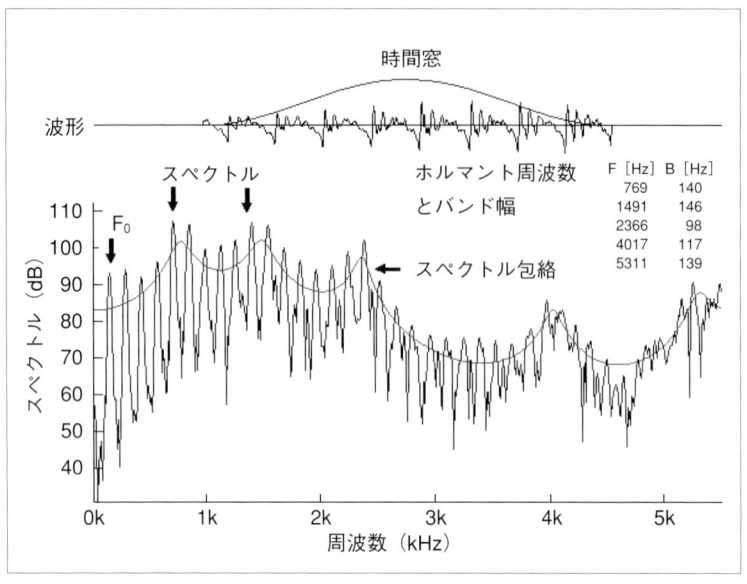

図6-4 /a/の中央部分を，長いhanning時間窓を通して切り出した波形のパワースペクトル

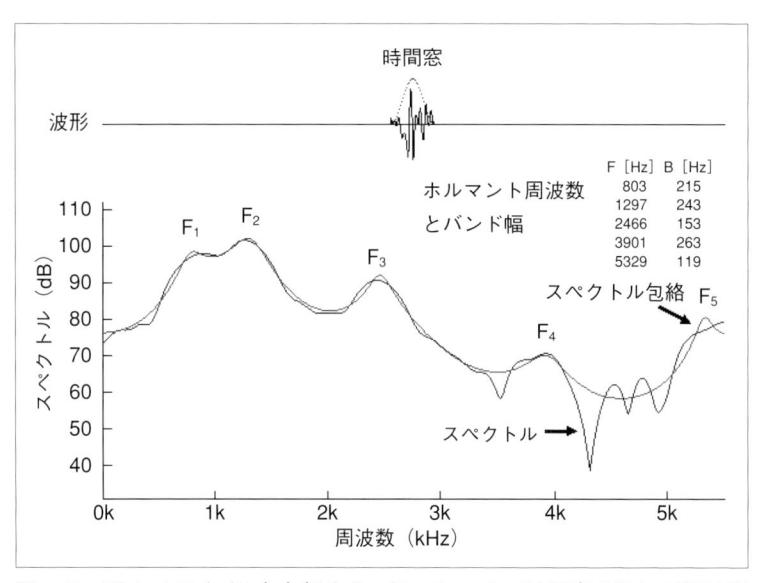

図6-5 図6-4の/a/の中央部分を，短いhanning時間窓を通して切り出した波形のパワースペクトル

されるということである．このためF_s/N（$=1/NT_s$）とその整数倍の周波数成分だけが計算される．

Nが256（$=2^8$）や512（$=2^9$）のように2の累乗であると，DFTをFFT（高速フーリエ変換）という方法で高速に計算できる．そのため時間窓の長さをFFTの長さとして，2^mに設定することが多い．mが大きいほど時間分解能は低下し，周波数分解能が上がるという関係が成り立つ．

また，音声信号のように高い周波数成分が弱い信号のパワースペクトルなどを求めると，

高周波帯域で信号成分が雑音に埋もれてしまう場合がある．これを防ぐために，あらかじめ高周波数成分を強調して解析することが多い．この方法は高域強調 pre-emphasis と呼ばれる．

図 6-4 のように時間窓の長さ N が大きい場合には DFT の計算上 F_s/N の離散的な周波数でしかスペクトルが計算されていなくても周期の有無に対応して線スペクトル，連続スペクトルの区別は可能である．しかし，N が小さいと図 6-5 のように周期の有無の判断が困難になる．これは N が小さいことによって周波数刻み F_s/N が粗くなることと，各部分音の周辺に時間窓による周波数成分が広がることによる．

5 デジタルサウンドスペクトログラム

音声のように特性が急速に変化する信号を解析するためには，注目する時間区分の信号特性を解析し，それが時間とともにどう変化するかを調べる．そのため図 6-4 や図 6-5 に示したように，信号から時間窓を通して注目する時間区分の信号を取り出しパワースペクトルを計算し，時間窓を少しずつ移動させて，時間変化パタンを計算する．図 6-6 中央に示した長い時間窓を使用して周波数分解能を高めたサウンドスペクトログラムは，図 6-4 と同じ長さの時間窓を少しずつずらして計算したものである．対して，短い時間窓

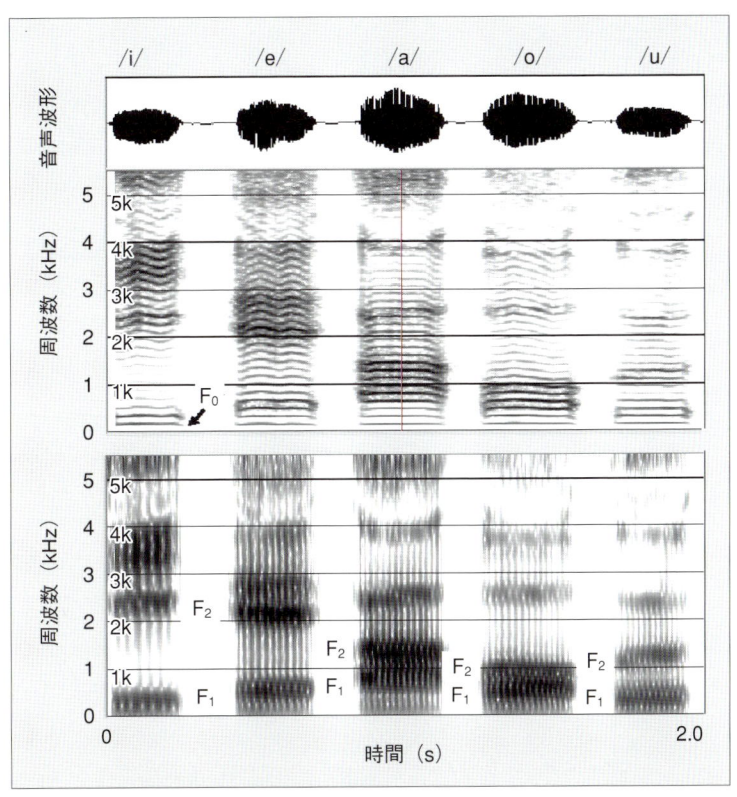

図 6-6　日本語 5 母音を区切って発話した音声のデジタルサウンドスペクトログラム

　上から音声波形，長い時間窓を使用して周波数分解能を高めたサウンドスペクトログラム，短い時間窓を使用して時間分解能を高めたサウンドスペクトログラム．

を使用して時間分解能を高めたサウンドスペクトログラムは，図6-5と同じ長さの時間窓を少しずつずらして計算したものである．

図6-6に示したサウンドスペクトログラムは，横軸に時間，縦軸に周波数をとって，部分音のパワーを濃度で表現している．図からわかるように，第1ホルマント周波数 F_1 は /i, e, a/ と上昇し，/o, u/ で低下する．第2ホルマント周波数 F_2 は /i, e, a, o/ と低下して，/u/ で少し上昇する．ホルマント周波数の時間変化を観測するのには短い時間窓を使って時間分解能を高めたサウンドスペクトログラフが，アクセントやイントネーションなど，声の基本周波数に関連する観測には，長い時間窓を使って周波数分解能を高めたサウンドスペクトログラフが便利である．

時間窓の長さや形が解析結果に影響する．スペクトル解析やデジタルサウンドスペクトログラムを求める場合，より長い時間窓を使うと，2つの意味で周波数分解能が高くなる．まず，時間窓が長ければ長いほど計算上の周波数刻みが細かくなるということであり，さらに3章で述べたように本来の信号周波数成分の周囲に出現する時間窓による周波数成分が小さくなるという理由である．2つ目の理由は時間窓の形にも関連し，立ち上がりと立ち下がりが滑らかに零に移行する時間窓の方が，矩形窓のように滑らかでない時間窓より，周波数成分を精確に観測できる．

分析対象が純音のように時間的に変化しない信号の周波数を正確に分析することが目的なら，ブラックマン，ハニング，ハミング窓など立ち上がりと立ち下がりが滑らかに零に移行する時間窓を使用し，窓を長くする．しかし，会話音声のように速い時間変化が情報を伝える信号に対して窓を長くすると，肝心の時間変化がとらえられなくなる．このため，速い時間変化を解析する場合には時間窓を短くして時間分析能を高め，逆に周波数成分を正確に求めたいときには時間窓を長くして周波数分析能を高める．時間分析能と周波数分析能を同時に高めることは理論的に不可能であることが証明されている．

6　ホルマント周波数の解析

　線形予測分析法を用いる方法が最も一般的で，図6-7には図6-4〜図6-6で使用した母音音声のホルマント軌跡を示す．

　線形予測分析法の概略を考えてみる．

　デジタル信号処理理論ではサンプリングされた音声時系列信号を $s(n)$, $n = 0, 1, 2, \cdots N$ のように番号をつけて表現する．Nはサンプルの総数，nはサンプル番号である．

　わかりやすくホルマントが1個しかない場合を考えてみよう．この場合，音声サンプル $s(n)$ は，直前の音声サンプル $s(n-1)$ と $s(n-2)$ から予測できることがわかっている．この関係は以下のような線形予測式で表現できる．$s(n) = a_1 \cdot s(n-1) + a_2 \cdot s(n-2) + e(n)$ 過去のサンプル値 $s(n-1)$ と $s(n-2)$ に，予測係数 a_1, a_2 という定数をかけて加算すると，$s(n)$ を予測できるという意味である．$e(n)$ は予測の誤差である．予測係数 a_1, a_2 はホルマント周波数 F とそのバンド幅 B に応じて決まる値，つまり声道の共鳴特性によって決まる値である．

　線形予測分析法は音声サンプル $s(n)$ に対して予測誤差 $e(n)$ を最小にするように a_1, a_2 を推定する．推定された a_1, a_2 からホルマント周波数 F とそのバンド幅 B を求めることができる．この関係はホルマントが複数個あっても成立する．ただし，各ホルマントに

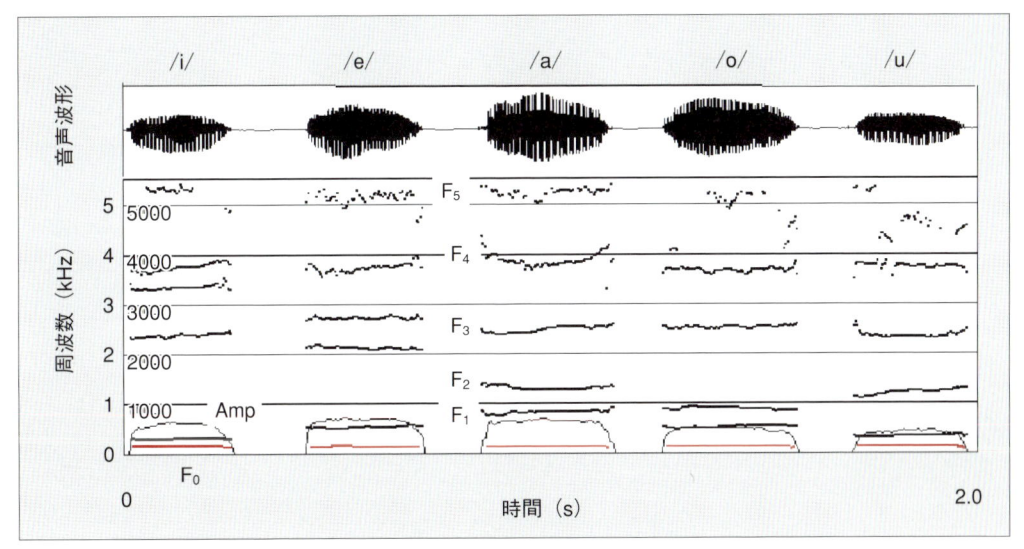

図6-7 図6-4の/ieaou/の第1～第5ホルマント周波数（F_1～F_5）
下部に基本周波数F_0と音声の振幅（実効値）の時間変化パタンも表示されている．

対し2個の予測係数が使われるので，ホルマントの2倍の予測係数が必要になる．また音源特性もホルマントと同じ形の共鳴特性とみなすことが近似的には可能なので，さらに2個の予測係数を追加することが多い．線形予測分析法を使用する場合には，したがって，ホルマント数の2倍に加えて2個の予測係数を使用するのが一応の目安となる．

たとえば，男性の母音音声を解析しようとする場合，F_sが10 kHzならば，分析対象の5 kHz以下に5個のホルマントがあると考えられるので，予測係数の目安は12個とする．対して女性の母音音声では同じ条件下で4個のホルマントがあると考えられるので，予測係数の個数は10を目安とする．

音声を共鳴特性だけで表現する上記の線形予測法は音声の全極型線形予測モデルと呼ばれる．共鳴特性は信号理論で極（pole）と表現されるからである．これに対して，鼻音など反共鳴をもつ音声のモデルとして，極零型線形予測モデルが提案されている．このモデルでは$s(n) = a_1 \cdot s(n-1) + a_2 \cdot s(n-2) + b_0 \cdot u(n) + b_1 \cdot u(n-1) + e(n)$のように，過去のサンプル値$s(n-1)$と$s(n-2)$に対する予測係数$a_1$, a_2に加えて，音源信号$u(n)$に対する予測係数b_0, b_1を導入する．b_0, b_1が推定できれば反共鳴周波数とそのバンド幅を求めることができる．反共鳴を信号理論では零（zero）と表現するので，このようなモデルを極零型線形予測モデルと呼ぶのである．音源信号$u(n)$は未知であることがほとんどなので，$u(n)$自体も推定の対象となる．したがって，このモデルを使って，共鳴と反共鳴の特性を推定するためには，予測係数a_1, a_2に加えて，b_0, b_1と音源信号$u(n)$の最適な推定値を求める必要がある．この推定は，全極型線形予測モデルと比較して難度の高い課題であるものの，いくつか実用的な解法が提案されている．

7 基本周波数の解析

基本周波数F_0の解析方法は，波形を時間軸上で移動させて一致する時間間隔を求める方法や，線形予測法に基づく方法，自己相関関数を活用する方法など，多数提案されてい

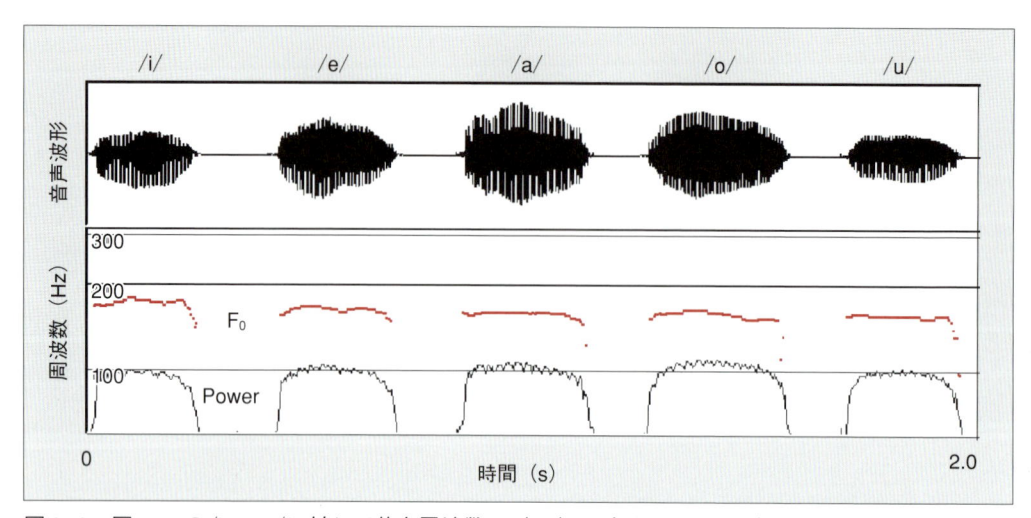

図6-8　図6-4の/ieaou/に対して基本周波数F_0（Hz）と音声のパワー（dB）の時間変化パタンの解析
　　　図6-7の下部に表示されたものと同じ．

る．音声のアクセントやイントネーションの解析，嗄声に関係するゆらぎの解析などで活用されている．

　図6-8には図6-6の/ieaou/に対して基本周波数F_0と音声のパワーの時間変化パタンを示した．図6-7の下部に表示されたものと同じ情報である．

第7章

日本語音声の音響的特徴

Speech-
Language-
Hearing
Therapist

第7章

日本語音声の音響的特徴

音声コミュニケーションで活用される音声の音響的特徴を学ぶことにしよう．音声は言語情報に加えて，文字に書き起こすと消えてしまう情報も伝達している．後者の情報にはたとえば，共感や落胆，疑念，要求など発話意図や態度に関連する情報（パラ言語情報），話者の性別や年齢に関わる個人性情報，音声器官の健康状態などに関連する情報（非言語情報）などが含まれる．また感情や情動に関わる情報も伝える．これらの情報がどのような音響的特徴に関連しているのか考えてみよう．

1 音声表記と音韻表記

言語情報と音声の関係を議論する場合，音声記号（音声表記）と音韻記号（音韻表記，音素表記）の違いを知っておく必要がある．音声表記は［a］のように［］で囲んで示されるのに対して，音韻表記は/a/などのように//で囲んで表される．音声表記は言語音声の性質，構音や共鳴の特性，音響的性質，知覚上の特性をできるだけ精確に表現することを目的としている．ある単語の音声表記の一部を変えても別の単語になるとは限らない．頻繁に使用されるものとして国際音声字母（International Phonetic Alphabet：IPA）がある．

たとえば，図7-1に示すように，「啄木鳥（きつつき）」の最初の「き」や3番目の「つ」の母音は声帯振動を伴う有声母音として発話される場合と，伴わない無声母音として発話される場合がある．無声か有声かを区別することが重要な場合には音声表記を使用して［kʲi tsɯ̥ tsɯ kʲi］と正確に表現する．一方，有声であっても無声であっても言語情報として「啄木鳥」という語を発音したということを表現するなら音韻表記（音素表記）を使い，/ki tu tu ki/と表示する．

2 日本語で使われる言語音の音響的特徴：母音

母音は基本的には声帯振動が音源で，閉鎖や極端な狭めなどがない声道の共鳴によって音色が決まる音である．子音に比べて音響的なエネルギーが比較的大きい音で，聞こえの中核をなす音でもある．

低次の第1，第2ホルマント周波数 F_1，F_2 は母音の種類に応じて組織的に変化し，音韻性を伝達するうえで重要である．高次のホルマント周波数は個人性に関連すると考えられている．

F_1 を横軸に，F_2 を縦軸にとって日本語5母音の F_1，F_2 をプロットすると，図7-2に

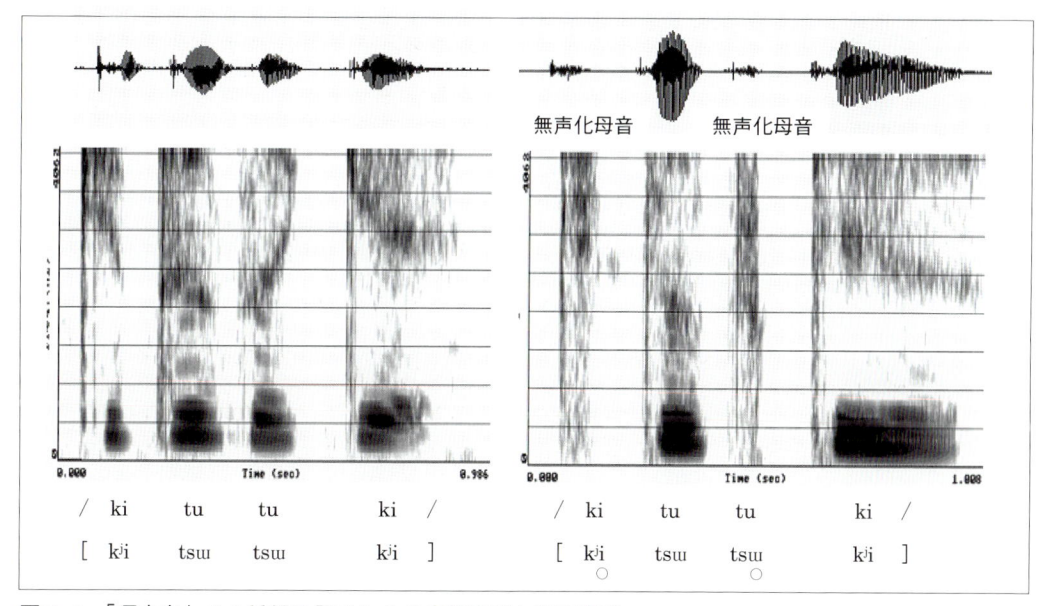

図7-1 「啄木鳥」の2種類の発話とその音韻表記と音声表記
　音声表記は左右で異なることに注意する．母音の下についた○は無声化したことを示す．左は母音無声化が生じていない．

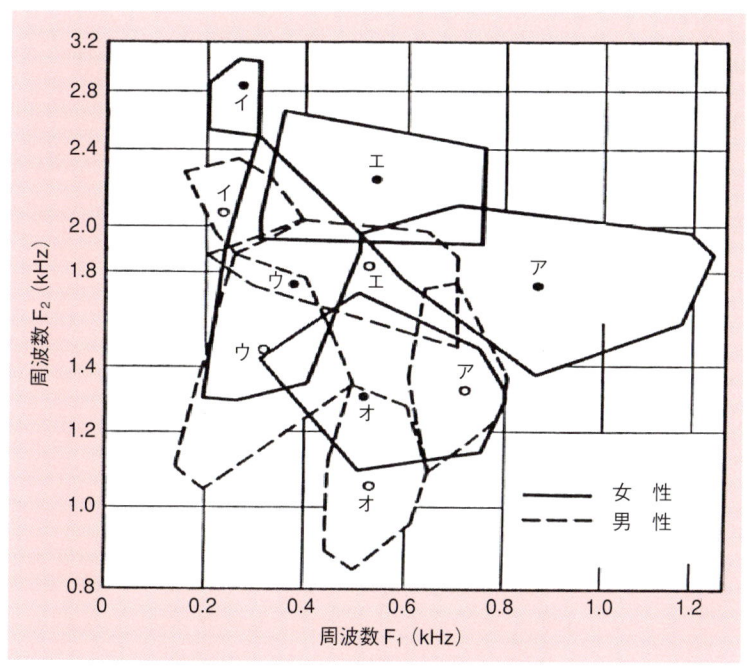

図7-2 日本語5母音のホルマント周波数（梅田による）
　定常母音の第1，第2ホルマント周波数の男女別の分布．

示すように五角形の分布になる．舌を前上に引き上げて構音される前舌高母音の/i/はF_1が低く，F_2が高い．舌を後ろ下に引き下げて構音される後舌低母音の/a/は逆にF_1が高く，F_2が低い．硬口蓋と軟口蓋の境界付近に舌を持ち上げて唇を狭めて構音される後舌高母

2　日本語で使われる言語音の音響的特徴：母音　71

音/u/は F_1 も F_2 も低くなる．そのため，日本語5母音/ieaou/の平均的な F_1 は図6-7でみたように，/iea/の順に上昇し，/uo/で下降する．F_2 は/ieao/まで下降し，/u/で幾分上昇する．英語の［u］に比べて唇の丸めと突き出しが顕著でない日本語の［ɯ］では F_2 がさほど低下しない．

図7-2に示すように F_1 も F_2 も成人女性の方が成人男性より高く，小児では成人女性よりも高い値をとる．声道の長い成人男性でホルマント周波数が低下するためである．そのため，図7-2に示すように男性の F_1，F_2 が女性より低く原点に近い範囲に分布し，男性の母音/a/と女性の母音/o/は一部重なりあうことになる．

3 日本語で使われる言語音の音響的特徴：子音

子音の音響的特徴は，表7-1に示すように声の有無，構音の仕方，主要な構音が行われる声道位置に着目して分類すると理解しやすい．声の有無は有声・無声の対立，構音の仕方は構音様式または調音様式（manner of articulation），構音の場所は構音位置または調音位置（place of articulation, point of articulation）と表現され，国際音声字母の子音の分類に使われている．日本語で使われる代表的な子音をみていこう．

表7-1　子音の有声・無声，構音位置，構音様式
　横の並び（両唇音から声門音まで）は構音位置，縦の並び（破裂音から側面接近音まで）は構音様式，各マス内の対は左が無声，右が有声を表す．

	両唇音	唇歯音	歯音	歯茎音	後部歯茎音	歯茎硬口蓋音	硬口蓋音	軟口蓋音	両唇軟口蓋音	口蓋垂音	声門音
破裂音	p b			t d			c ɟ	k g			ʔ
鼻音	m	ɱ		n			ɲ	ŋ		N	
震え音				r							
弾き音				ɾ							
摩擦音	ɸ β	f v	θ ð	s z	ʃ ʒ	ɕ ʑ	ç j	x ɣ			h ɦ
破擦音				ts dz	tʃ dʒ	tɕ dʑ					
接近音（半母音）							j	ɰ	w		
側面接近音（側面音）				l							

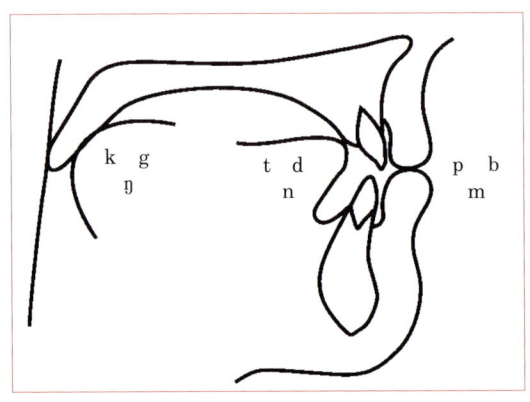

図7-3　日本語の閉鎖音と鼻音の構音位置

閉鎖音（stop）は声道のどこかを一時的に閉鎖して口腔内圧を上げたあと，閉鎖を急速に開放して破裂音をつくる音である．多くの言語でよく研究されている音なので，詳しく考えてみよう．破裂音（plosive）とも呼ばれるものの，実際には破裂が観測できないこともある．声道の閉鎖に並行して声門を開き声帯振動を止める無声破裂音［p, t, k］と，逆に声帯振動を持続させる喉頭調節を伴う有声破裂音［b, d, g］がある．図7-3に示すように，声道を閉鎖する場所，構音位置によって両唇音［p, b］，歯茎音［t, d］，軟口蓋音［k, g］に分かれる．文脈や話者によっては声門音［ʔ］なども現れる．

　図7-4に示すように，破裂音の音響的特徴は構音運動によく対応している．先行母音から声道閉鎖に移る動作，閉鎖の持続，閉鎖開放と破裂音源の生成，後続母音への急速な移行，これらの構音運動に対応した音響特性が観測される．

　これらの運動に並行して，無声破裂音では声門を外転させて（開いて）声帯振動を止め，口腔内に呼気を送り込んで口腔内圧を上げて破裂音をつくる条件を整え，さらに破裂後，

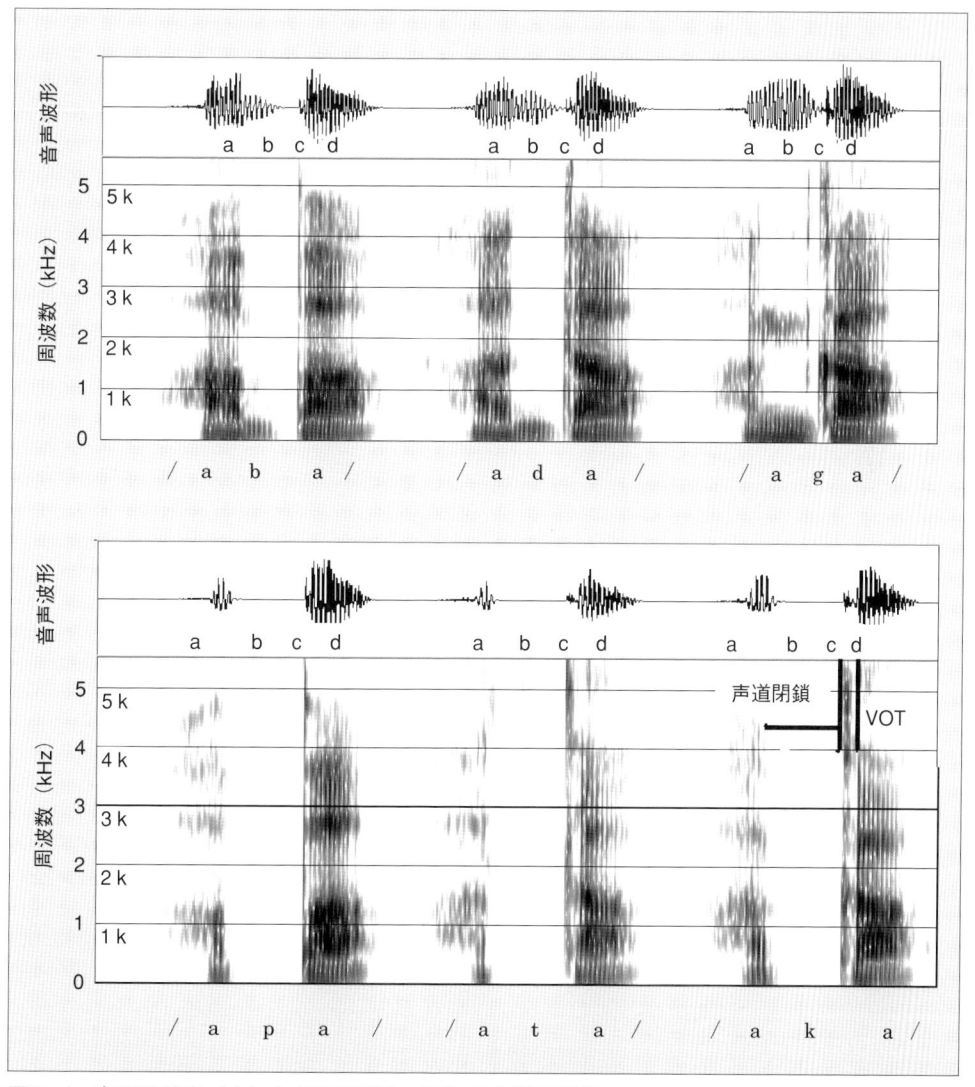

図7-4　有声閉鎖音（上）と無声閉鎖音（下）の音響的特徴
　a：先行母音区間，b：声道閉鎖区間，c：破裂から声帯振動開始までの区間（VOT），d：後続母音区間．

声門を内転させて（閉じて）声帯振動を開始させる喉頭調節が行われる．有声破裂音では声道の閉鎖に並行して，声帯振動を持続させたまま口腔内圧を上げる喉頭調節が行われる．

無声破裂音/p, t, k/では声道を閉鎖するのと並行して，声門を開いて声帯振動を止めるため，その間は無音になる．声道の閉鎖が開放される瞬間に持続時間の短いパルス状の破裂音が出現する．破裂の瞬間から後続母音の声帯振動が始まるまでの時間間隔を有声開始時間（VOT：voice onset time）といい，無声破裂音では有声破裂音より長くなる．

これに対して，有声破裂音/b, d, g/では声道を閉鎖している間も声門を閉じ声帯振動を持続させることが大きく異なる．声道が閉じている区間の音響エネルギーは弱くなり，声帯振動に起因する音は頬などの皮膚振動を通して漏れてくるボイスバーと呼ばれる低周波音になる．図7-4のb：声道閉鎖区間をみると，無声破裂音では空白に，有声破裂音では低周波のボイスバーが出現していることがわかる．有声破裂音では破裂音源と声門音源の2つの音源があることになる．話者によってあるいは発話によっては声道閉鎖の後半で声帯振動が止まってしまう場合もある．この場合でも，破裂のあと後続母音に移行するとき声門はすでに内転しているので，声道閉鎖が解かれると声帯振動が速やかに開始されVOTは短い．

以上のような構音動作が以下のような破裂音の音響的特徴を作り出す．まず，無声破裂音は声道閉鎖に並行して声帯振動を止める喉頭調節を伴うため，有声破裂音に比べて無音区間が長く，先行母音の有声区間が短くなる．逆に有声破裂音では声帯振動を持続させる喉頭調節を伴うため，先行母音に続く有声区間が延長し声道閉鎖区間内にボイスバーが観測される．無声破裂音では有声破裂音に比べてVOTが長くなる．有声破裂音のVOTは短いか負の値で，声道閉鎖区間中も声帯振動が持続する場合は定義できないこともある．また，後続母音の声帯振動が始まる時点での基本周波数は無声破裂音に比べて有声破裂音の方が低くなる傾向がある．後続母音に移行する区間のホルマント周波数の時間変化，つまりホルマント遷移（formant transition）は有声破裂音の方が明瞭で大きくなる．無声破裂音ではVOTが長くなる分だけホルマント遷移が観測しにくいためである．破裂音の有声・無声の対立はこのような音響特性に表れ，知覚上の手がかりになる．

構音位置との対応をみると，無声破裂音では構音位置が喉頭よりになるほどVOTが長くなり，両唇音＜歯茎音＜軟口蓋音という傾向がある．また，図7-5に示すように，先行母音から閉鎖音への移行，閉鎖音から後続母音への移行で観測されるホルマント遷移が母音の種類と閉鎖子音の構音位置に応じて変化することも知られている．後続母音が[a]の場合，両唇音[p, b]の第2ホルマント周波数（F_2）は低い値から上昇し，歯茎音[t, d]ではやや下降，軟口蓋音[k, g]では大きく下降する．第1ホルマント周波数（F_1）はどの破裂音でも低い値から上昇する．破裂音のエネルギー分布も構音位置に応じて変化すると考えられている．両唇音では600Hz以下の，歯茎音では3kHz付近の雑音エネルギーが強くなる．軟口蓋音では後続母音の第2ホルマント周波数に応じて変化するものの，両唇音と歯茎音の中間付近の雑音エネルギーが強くなる．このような音響的特徴が構音位置の知覚の手がかりとなる．

鼻音（nasal）は閉鎖音と同じように口腔のどこかを一時的に閉鎖するものの，口蓋帆を下降させて鼻腔に共鳴させる音である．図7-6に示すように日本語の鼻子音は声帯振動を音源とする有声音で，口腔閉鎖の場所によって，両唇音[m]，歯茎音[n]，軟口蓋音[ŋ]に分類される．鼻子音の音響的特徴は,声門から鼻咽腔結合部までの空間（咽頭部），

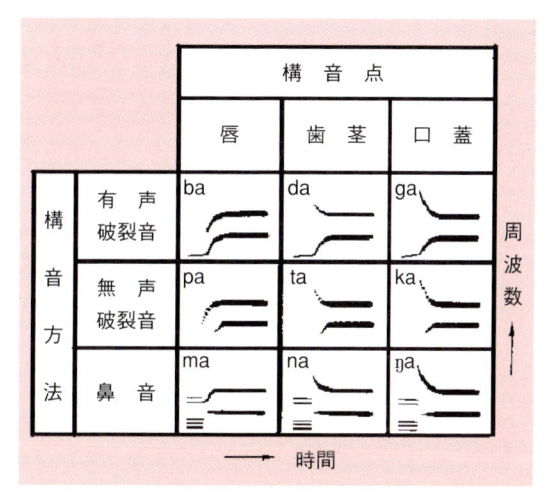

図7-5 破裂音（閉鎖音）と鼻音における第1, 第2ホルマントの遷移パタン
後続母音が/a/の場合.

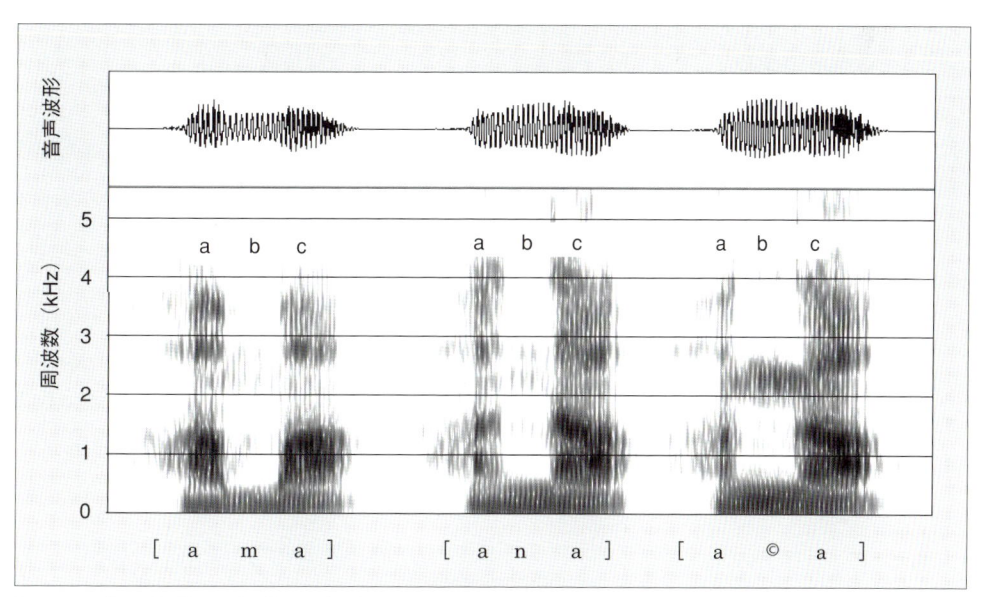

図7-6 鼻子音「アマ」,「アナ」,「アガ」の音響的特徴
a：先行母音区間, b：鼻音区間, c：後続母音区間.

出口が閉じた口腔, 鼻腔の3空間の特性に左右される.
　主要な共鳴腔は咽頭部と鼻腔で, 非鼻音の共鳴腔より長いのでホルマント周波数は全体的に下降する. 鼻腔は副鼻腔があるため構造が複雑で表面が柔らかく音を吸収するし, 出口（鼻孔）が小さいので放射効率も高くない. そのため鼻子音の音響エネルギーは低い周波数に集中する.
　さらに, 鼻音ではある周波数の部分音が減弱してしまう現象, 反共振（反共鳴）, アンチホルマントといわれる現象が出現する. このアンチホルマントは, 出口が閉じた口腔の空間特性によって変化する. 両唇音［m］でこの空間が最も長く, 軟口蓋音［ŋ］で最も短くなる. そのため, 両唇音［m］では500〜1,500 Hz, 歯茎音［n］では2〜3 kHz,

軟口蓋音［ŋ］では 3 kHz 以上になる．また後続母音が前舌高母音だとこの空間は狭く，後舌低母音では広くなるため，後続母音によってもアンチホルマント周波数は変化する．

アンチホルマント（反共鳴）は単に部分音の減弱として観測されるだけではない．ホルマント（共鳴）特性と干渉しあって複雑な特性をつくり，非鼻音にはない独特の聴覚印象を生み出す．

日本語の撥音「ん」は鼻子音 /N/ に分類されるものの，後続する音に応じて様々に構音が変化するため，音声表記も音響的特性も多様である．

摩擦音 (fricative) は図 7-7 に示すように声道のどこかを一時的に狭めて呼気流を乱流化して摩擦音源をつくることで生成される．図 7-8 に示すように，摩擦音のスペクトルは調波構造をもたない持続的な雑音である．声道の狭めと並行して声門を開けて強い呼気を送り摩擦音をつくる無声摩擦音の方が，声帯振動を持続させながら摩擦音をつくる有声摩擦音より，摩擦音のエネルギーが大きくかつ持続時間も長い傾向がある．有声摩擦音では摩擦音と同時に声帯振動によるボイスバーが観測される（ただし，日本語の有声摩擦音は破擦音として構音されるので図 7-9 のようになる）．

狭めが形成される構音位置に応じて分類すると，両唇音［Φ］，歯茎音［s］，後部歯茎音［ʃ］，硬口蓋音［ç］，声門音［h］などになる．日本語ハ行音の /h/ は後続母音に応じて構音位置が変わり，「フ」では両唇音［Φ］，「ヒャ」では硬口蓋音［ç］，「ハ」では声門音［h］などになる．

摩擦音源から唇までの声道の共鳴特性によるフィルタ作用がかかるため，摩擦音の雑音の周波数特性は構音位置に応じて変化する．歯茎音［s］では 4 kHz，後部歯茎音［ʃ］では 2.5 kHz 付近で摩擦音エネルギーのピークが観測される．狭めが生じている区間の長さも摩擦音のスペクトルに関係する．摩擦音の前後の母音との遷移部分のホルマント遷移パタンも構音位置に応じて変化する．

破擦音では破裂音に続いて摩擦音を構音する．図 7-9 に示すように，破裂音と摩擦音の特徴が継時的に現れる．日本語タ行の「つ」や「ち」，「ちゃ」，「ちゅ」，「ちょ」，ザ行の「ず」，「ぜ」，「じゃ」「じゅ」，「じょ」，語頭の「ざ」，「ぜ」，「ぞ」などでも破擦音の音

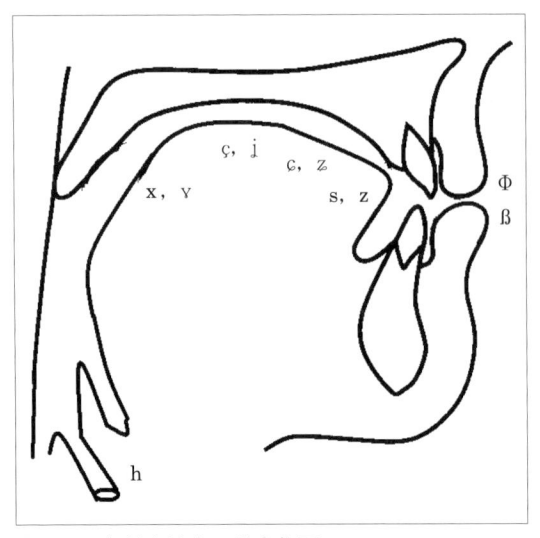

図 7-7　各種摩擦音の構音位置

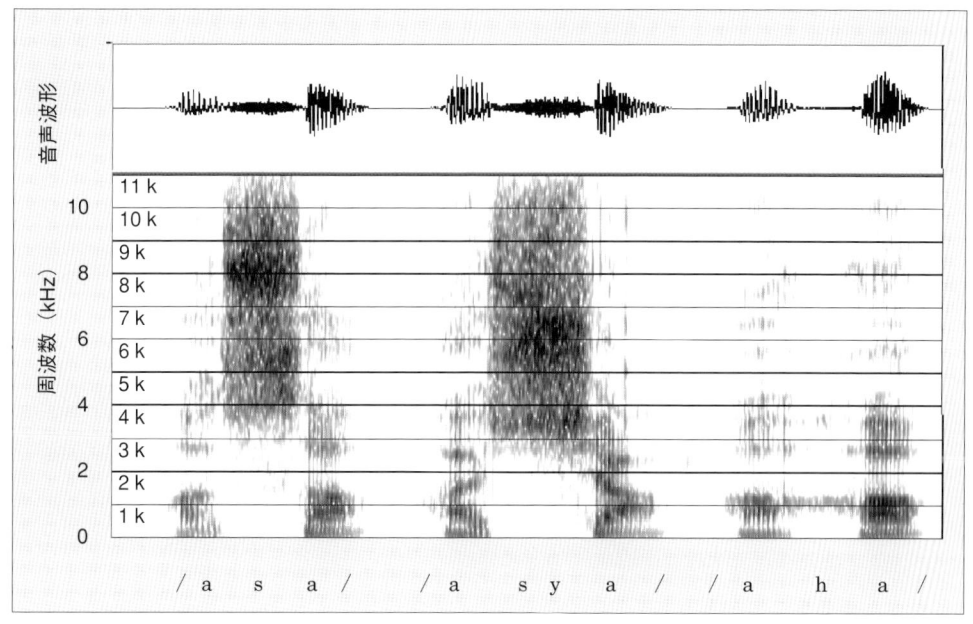

図7-8 摩擦音「アサ」,「アシャ」,「アハ」の音響的特徴

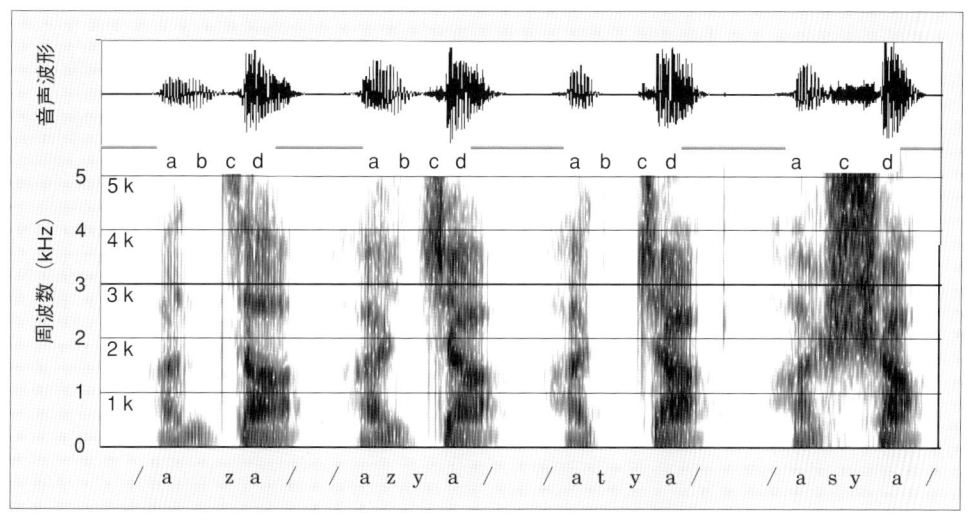

図7-9 日本語の「アザ」,「アジャ」,「アチャ」,「アシャ」の音響的特徴
a：先行母音区間, b：声道閉鎖区間, c：狭めによる摩擦区間, d：後続母音区間.

響特性が観測される．

　図7-10に示す半母音や半子音と表現される日本語のヤ行子音/y/は硬口蓋接近音［j］で，ホルマント周波数が［i］に類似しておりF_1が低くF_2が高い．日本語のワ行子音/w/は軟口蓋接近音［ɰ］か，唇の丸めを伴う唇音化軟口蓋接近音［ɰʷ］で，ホルマント周波数が［ɯ］に類似してF_1もF_2も低い．これらの音は母音に比較して遷移が速いのが特徴である．

　弾き音に分類される日本語のラ行子音は舌端が歯茎付近を弾くようにして構音されることが多い．弾き音［ɾ］ではホルマント周波数が瞬間的に下降してかつ振幅が低下する．

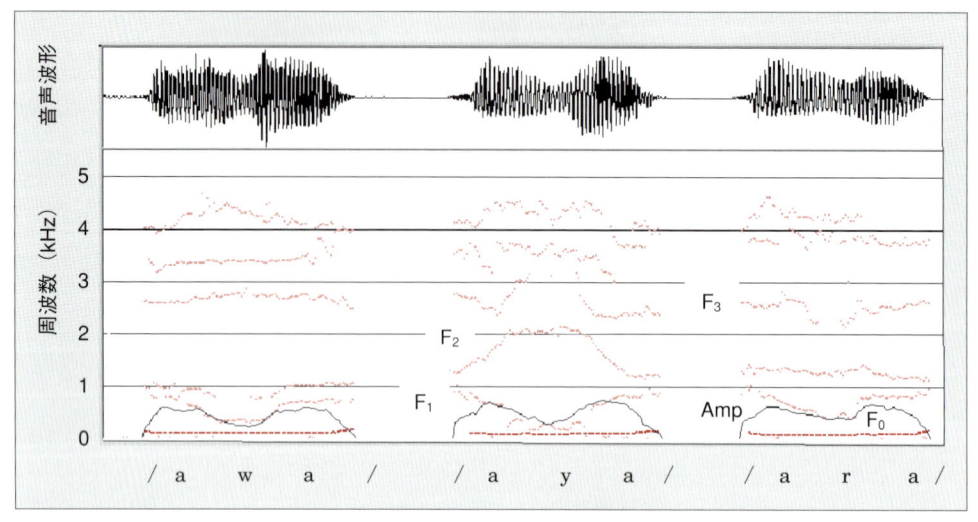

図7-10 半母音「アワ」,「アヤ」と弾き音「アラ」の音響的特徴
第1～第3ホルマント周波数 F_1～F_3 と基本周波数 F_0 および振幅 Amp.

日本語のラ行子音は語頭ではそり舌音 [d] や側面接近音 [l], 母音に挟まれたときには弾き音 [r], 歯茎接近音 [ɹ], 側面接近音 [l] などとして発音され, 前後関係によって変化が大きいことも知られている.

4 言語音を特徴づける音響的特性

言語音を特徴づける主要な音響的特性を, 有声音と無声音の違い, 構音位置による違い, 構音の仕方による違いに分類してまとめてみよう.

表7-2に示すように, 有声音は声帯が周期的に振動してつくられる音なので, 声帯振動が作り出す音響特性を備えている. 有声母音ならば基本周波数成分とその倍音成分を観測できるし, 時間分解能をあげて観測すると声帯振動の周期に一致するボイスバーが観測できる. 有声の破裂音や摩擦音, 破摩音でも, 声道閉鎖や狭めの区間中に低い周波数帯域にボイスバーを観測できることが多い. 無声化した母音ではこのような周期的成分が出現しない.

表7-2 有声音と無声音の音響的差異

音響的特徴	有声音	無声音
F_0	ある	ない
ボイスバー	ある	ない
VOT	短い	長い
閉鎖の持続	短い	長い
F_1 の遷移	基線から上昇	途中から上昇
先行母音の長さ	長い	短い

表 7-3 構音位置の違いによる音響的差異

音響的特徴	構音位置による差異
破裂音のエネルギー分布	[p, b] 平坦 [t, d] 高周波領域 [k, g] 中周波領域
F_2 の遷移 （開始周波数と到達周波数の関係）	[ba] 低から高（上昇） [da] ほぼ平坦（やや下降） [ga] 高から低（下降）
摩擦音のエネルギー分布	狭めの位置が前（唇）よりの方がより高周波数のピークをもつ [s] 高い，[ɕ] 低い．[h] 幅が広い

　無声子音は少し複雑である．閉鎖音では瞬間的（過渡的）な破裂音が生じたあと声帯振動が始まるまでの時間長（VOT）が重要である．VOTが負または短いと有声，長いと無声破裂音になる．VOTが長いと第1ホルマントの遷移は途中からしか観測できない．無声摩擦音では有声摩擦音より摩擦音が長い．無声閉鎖音や無声摩擦音では閉鎖や狭めの区間が有声音より長く，先行する母音長は逆に無声子音の前では短く，有声子音の前では長くなる傾向がある．

　表7-3を参考に構音位置の違いがどのような音響的差異になるかをみてみよう．破裂音をつくるときの閉鎖の位置が両唇，歯茎，軟口蓋と喉頭寄りに変化していくと，破裂音源から唇までの声道の共鳴特性が変化するため，破裂音のエネルギー分布も変化する．両唇音では声道の共鳴特性の影響を受けないので平坦に，歯茎音では唇までの短い声道の共鳴によって高周波領域に，軟口蓋音では比較的長い声道の共鳴によって中周波領域にエネルギーが集中する．摩擦音のエネルギー分布も構音位置によって変化し，[ha]では幅広く分散し，[sa]では高い周波数帯域に，[ɕa]ではそれより低い周波数帯域にエネルギーが分布する．

　破裂音や摩擦音では構音位置に応じて後続母音へのホルマント遷移が変化する．破裂音に後続する母音の第2ホルマント遷移をみると，図7-5に示したように[ba]では上昇，[da]ではほぼ平坦かやや下降，[ga]では下降する．

　表7-4を参考に構音の仕方による音響的特性の違いをみてみよう．

　有声の母音や半母音は雑音が無く倍音構造が明瞭でありホルマントピークが強い．母音と半母音を比較すると，母音の方がホルマント遷移は緩やかである．日本語の鼻子音も雑音が無く倍音構造が明瞭であるものの，アンチホルマントが出現するため高い周波数帯域のホルマントピークが弱くなる．

　無声の破裂音，摩擦音，破擦音は，雑音があって倍音構造が無い．破裂音は雑音の持続が短く，摩擦音は雑音が緩やかに立ち上がり長く持続する．破擦音は雑音が急峻に立ち上がり持続する．破擦音の雑音の持続時間は摩擦音よりは短く破裂音よりは長い．

5　調音結合（coarticulation）

　いままでに論じたような単音をそのまま時間的に並べた「連続音声」をコンピュータで

表7-4 構音様式の違いに対応した音響的差異

音響的特徴		構音様式
雑音がある	雑音の持続が短い	破裂音
	雑音が急峻に立ち上がり持続する	破擦音
	雑音が緩やかに立ち上がり長く持続する	摩擦音
雑音が無く倍音構造が明瞭	ホルマントピークが強い 　ホルマント遷移が速く大きい 　ホルマント遷移が緩やか 高周波ホルマントピークが弱い 　低周波ホルマントが強く， 　アンチホルマントがある	半母音 母音 鼻音
雑音があって倍音構造が無い	雑音の持続が短い	破裂音
	雑音が急峻に立ち上がり持続する	破擦音
	雑音が緩やかに立ち上がり長く持続する	摩擦音

つくってみると，各音がバラバラに聞こえ，滑らかな話し言葉にはならない．現実の話し言葉は独立した単音が並んだものではなく，母音や子音の構音が前後の音に適応して変化し，音響的特徴も多様に変化したものである．

　前後の音への適応的な変化のうち，構音運動のレベルで生じる変化を調音結合（または構音結合，coarticulation）と呼んでいる．たとえば図7-11に示した発話速度の異なる「最愛」の/a/と/i/を比較してみよう．[saiai]（最愛）の発話速度を速くしていくと，[a]に囲まれた[i]は[a]に，[i]に囲まれた[a]は[i]に近づき，[a]と[i]のホルマント周波数の差異が小さくなっていく．この状態で単語全体[saiai]を聞くと正しく聞き取れるものの，中央の[i]の部分だけを切り出して聞くと[ə]に近い音に聞こえる．

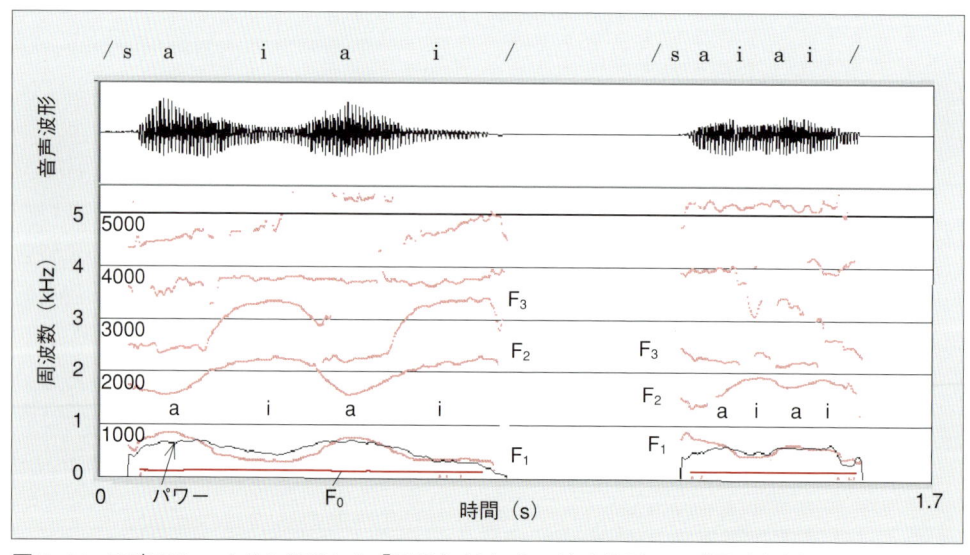

図7-11　丁寧にゆっくりと発話した「最愛」（左）と，速く発話した「最愛」（右）
　/sai/の/i/では発話速度が上昇するとF_1が上昇，F_2が下降し，逆に/ai/の/a/ではF_1が下降，F_2が上昇する．

構音器官にも慣性（重さ）があるので，［i］や［a］に瞬間的に移行することは不可能で，滑らかにしか移行できない．そのため，［i］が完全に生成される前に［a］への移行を始めないと速く発話できない．このように目標音の構音が完成する前に後続音の構音を始める現象は「怠け」（undershoot）と呼ばれる．

さらにたとえば，/seeneidesu/（静寧です）と話したとき，鼻子音の構音時に下降する口蓋帆の動きをはかってみると，/n/の区間だけで下降するのではなく/ee/の区間から/n/を予測して下降し始め，/n/が終わってからも/d/の直前まで下降したままになる．後続する音素を予測して起こるこのような現象は，構音器官の慣性による「平滑化」や「怠け」だけでは説明できない．口蓋帆が下降しても差し支えない区間で早めに/n/の準備をしておく動作と考えられる．

また，先に示した「啄木鳥（きつつき）」の母音無声化は関東方言で生じやすく，関西方言では生じにくい．このように前後の音に適応した音声の変化には方言や言語に依存する現象も多く，中枢での構音企画が関与する可能性もある．比較的独立して動きえる構音器官のそれぞれの部分が別の音の構音を同時進行的に行うことによって言語情報の伝達を高速化，効率化する現象とも考えられる．

このような現象のために，分節的特徴とはいえども，構音上も音響上も明確な時間的区切りがある訳では必ずしもなく，各分節は前後に広がり互いに重なり合っている．この重なりは連続音声の知覚を助ける要素であり，前後音との遷移部分を切り取ってしまうと正しく認知できない場合も多い．話し言葉の音響分析や自動認識をむずかしくする要因ではあるものの，調音結合が不自然な音声は聞き取りにくいのである．

6 超分節的特徴

アクセント，イントネーション，発話速度やリズムなど分節にまたがった特徴は，超分節的特徴（supra-segmental features），韻律的特徴（prosody）と表現される．

日本語では「雨」対「飴」「鷲」対「和紙」のようにピッチの高低によって語彙を区別するピッチアクセントという機能がある．東京方言ではアクセント核のあるモーラの後でピッチの下降が知覚される．この下降は図7-12に示すようにF_0の下降として計測できる．東京方言のnモーラの名詞には，アクセント核の無い0型と，1〜nモーラ目に核のあるn種の型，合計でn＋1型のピッチパタンがあり得て，n＋1種の語彙を形成できることになる．

図7-13に示すように，最後のモーラ/ko/にアクセント核がある「男」に「は強い」と続くと，/ko/に後続するモーラ/wa/のF_0が下降する．しかし，「男は強い」の「は」を強調するとF_0は下降せず，むしろ上昇する．さらに両発話とも「強い」/tuyoi/のF_0上限が制限されて変化幅が小さくなる．「強い男」と発話すると，逆に「男」のF_0上限が制限されて変化幅が小さくなる．このようにアクセント核によるピッチ下降が起こると，それに続く語のピッチ上限が低くおさえられるダウンステップという現象が起こる．

イントネーションは語よりも大きな句や文レベルのピッチ変化で，発話の句の開始や終わりなど構文構造や強調に関わる情報，疑念，関心，落胆，皮肉など発話態度・意図に関わる情報を伝達する機能を果たしている．

図7-14の例を参考に，句の開始におけるピッチ変化をみてみよう．最初のモーラにア

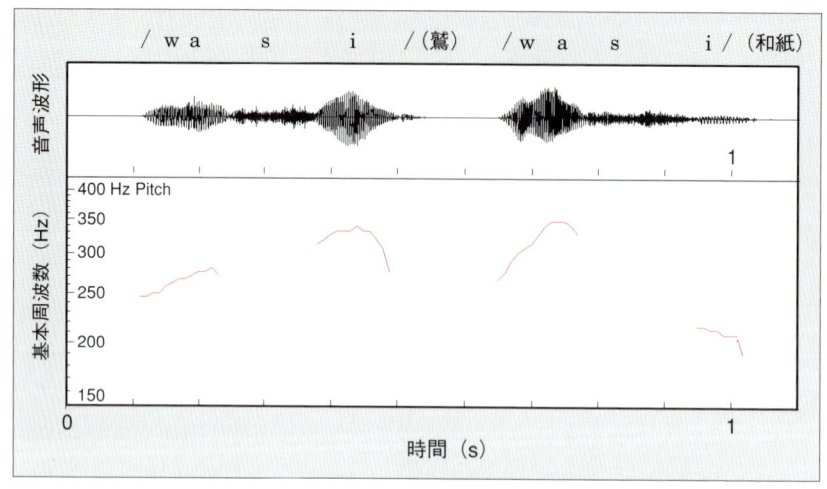

図7-12 東京方言話者による「鷲」と「和紙」の基本周波数の変化パタン
/wa/にアクセント核のある「和紙」では/si/のF_0が/wa/に比べて下降する．

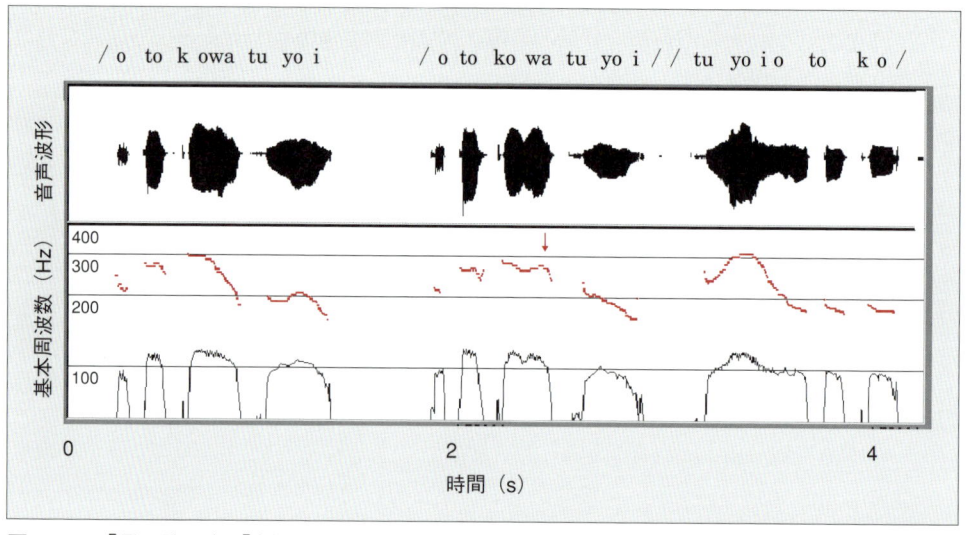

図7-13 「男は強い」，「（女に比べて）男は強い」，「強い男」の基本周波数F_0（赤）と振幅の時間変化パタン
矢印（↓）は強調を示す．「男」も「強い」も文中の位置によってF_0パタンが変化する．

クセント核がある1型を除いて，語が句頭にたつと語頭モーラから第2モーラにかけてピッチの上昇が起こる．しかし，句の中に入るとこのピッチ上昇は起きない．「強い男が」のように，有核の語がつながって句をつくると，「強い」の/yo/の後でピッチが下がり，ダウンステップが起こって「男が」でさらに下がる．「あの強い男が」で一区切りにして「優しい娘を育てた」と続けると，「優しい」の語頭モーラから第2モーラにかけてピッチ上昇が起こり，句頭であることを示す現象が起こる．このようなピッチ変化は語の意味を変える機能はないものの，発話グループ（アクセント句）の境界を表す機能を果たす．

　句の終わりで発話の終了を示すピッチの下降が観測される．この下降がないと，さらに発話を続けたいという意図や，疑問を投げかけているという印象を与える．特定の語に焦点を当てて強調する発話では，F_0変化が拡大される傾向がある．

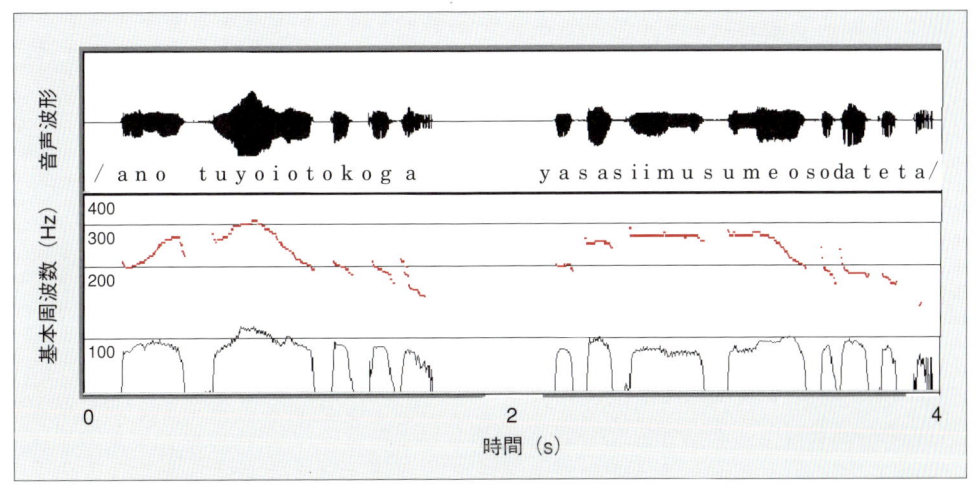

図7-14 「あの強い男がやさしい娘を育てた」のF_0パタン（赤）
「優しい」の語頭でF_0が上昇する．

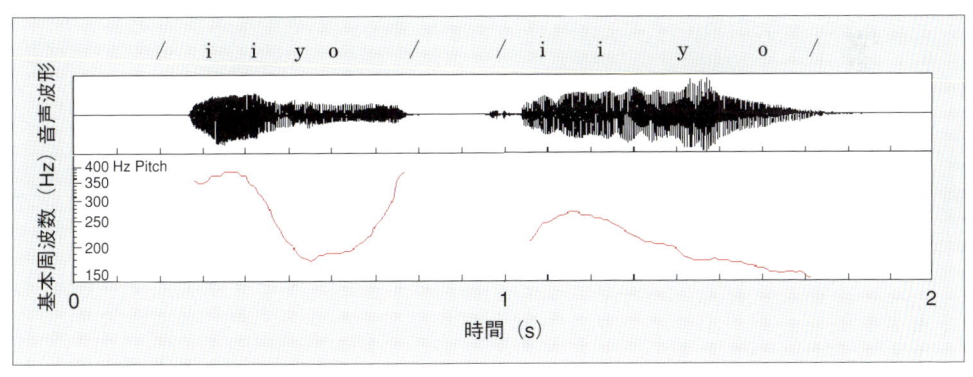

図7-15 発話意図と基本周波数
左の「良いよ」は心から賛成する意図を，右は賛成しかねるという意図を表明した発話．

　図7-15に示すように，「良いよ」というフレーズを心から賛成して表現した場合にはF_0変化範囲が拡大するものの，否定的心情を表現した場合には，全体的に低く変化範囲も限定されたものになる．疑念，関心，落胆，皮肉など発話態度・意図に関わるイントネーションの変化は，日常的な生き生きとした音声コミュニケーションで大切な情報伝達機能を担っている．

7　声質

　声質は，主として声門音源の多様性に起因する声の知覚上の特性をさすことが多い．広義には，声道の共鳴特性や構音の影響も受ける．従来，定義のむずかしい知覚特性のかわりに，喉頭調節や声帯振動の特性，音響的特性をもって声質を定義する立場が多かった．
　声質にはどの程度の多様性があるのか，いくつの，どのような尺度を用意すれば必要十分か，などの点で，なお意見は分かれているものの，声質を分類する尺度が提案されている．第8章で詳しく考えることにする．

8 男女，子ども，性差の問題

喉頭や声道の寸法が発達に伴って変化するため，音声も加齢変化する．乳幼児期は声帯の前後長が短いため基本周波数が高く，思春期の声変わりで男性では顕著に基本周波数が低下する．さらに，加齢が進んで閉経期に至ると女性では基本周波数の低下が顕著に起こる．高齢期に入ると，男性では基本周波数が上昇し，女性では低下する．

成人でも声帯長に男女差があり，基本周波数は女性の方が高い．また，喉頭の大きさも異なるため，声門体積速度，喉頭の効率，音の強さに差が生じる．有声音を発声しているときでも女性では声門後部に間隙が残り声門閉鎖が不完全になりやすい．このため，女性では，声門音源に気息性雑音が重畳しやすく，声門下の気管支や肺の音響特性が声道の伝達特性に影響し，ホルマントの帯域幅が増大したり，スペクトル傾斜が大きくなったりする．

声道形状，とくに喉頭から唇までの長さの発達的変化，男女差はホルマント周波数の年齢差，男女差の原因となる．乳幼児期は声道長が短いためホルマント周波数も成人男性より2倍程度高くなる．また，女性の方が男性より声道長が短いためホルマント周波数が高くなる．高齢期には喉頭が下降するため声道長が長くなりホルマント周波数が低下する加齢現象も知られている．また，喉頭と食道の入り口付近の複雑な構造（梨状窩）が音声の個人性に関わると考えられている．

9 個人性

声から話者を推定することは，ある程度は可能である．話者を特徴づける声の側面は声の個人性といわれ，以下のような広範囲な側面に関連している．a) 声帯の寸法や調節方法に関連した音源の諸特徴（声質に関連する特徴），b) 韻律に関連した諸特徴（アクセントやイントネーション，発話速度，テンポ，リズム），c) 声道の形状，寸法や調節方法に関連した諸特徴（音声の平均的スペクトル包絡，ホルマント周波数やバンド幅など），d) 語彙や文体などより中枢の制御に起因する話し方に関わる諸特徴，などである．身近な人や有名な人の声の上記のような諸特性を我々は記憶していて，その声を聞いたときに記憶パタンとの整合をとって個人性を知覚するものと考えられる．

個人性に関してする研究は，機械による個人識別（特定の人だけを入室させるシステムの開発）などの工学的研究が主体で，知覚機構に関する研究は少ない．コンピュータの音声など人工的な音声が氾濫する現代では，「人間の声らしさ」，「自然性」の評価に対する需要も多い．コンピュータに人間らしく話をさせるのにはどうしたらよいか，合成音声を改良するのにはどうすべきかの研究にとって，「自然性」の評価は大きな課題なのである．

「自然性」は，イ) 明瞭度，了解度，ロ) 韻律，ハ) 声質・音質，ニ) 想起される話者の年齢，性別，階級，人柄，などとの違和感など，ヒトの声のすべての特性に関連する包括的な概念である．したがって，「自然性」という包括的な尺度による評価だけではなく，関連する多くの属性に分けて評定する方法が多用される．

第8章

病的音声の音響的特徴

Speech-
Language-
Hearing
Therapist

第8章

病的音声の音響的特徴

　本章では言語聴覚士として関わることの多い音声障害に伴う病的音声の音響的特徴を考えよう．音声の定量的な評価のために音響分析が活用される一方，音声コミュニケーション上の支障を主観的に評価する聴覚心理的評価も重要である．

I　声帯振動と声質

　同じ高さ，強さ，長さの声でも，声の音色あるいは声質は多様で，発声の仕方によっても，また性別や年代，音声器官の健康さなども反映して変化する．
　図8-1にみるように健常な男性話者が地声で発声すると，左右の声帯は周期的にかつ規則的に開閉運動を繰り返し，比較的長い声門閉鎖区間が観測できる．音声波形も声帯振動に同期したホルマント周波数に対応する振動が観測できる．一方，同じ男性話者が気息性の発声をすると，図8-2にみるように地声に比べて声門閉鎖区間が短くなり，音声波形には雑音成分が増える．地声と比較すると気息性の音声は息漏れがあって弱い音声に感じられ，声を潜める場合などに観測される．健康な喉頭の調節によって生成できる声質に

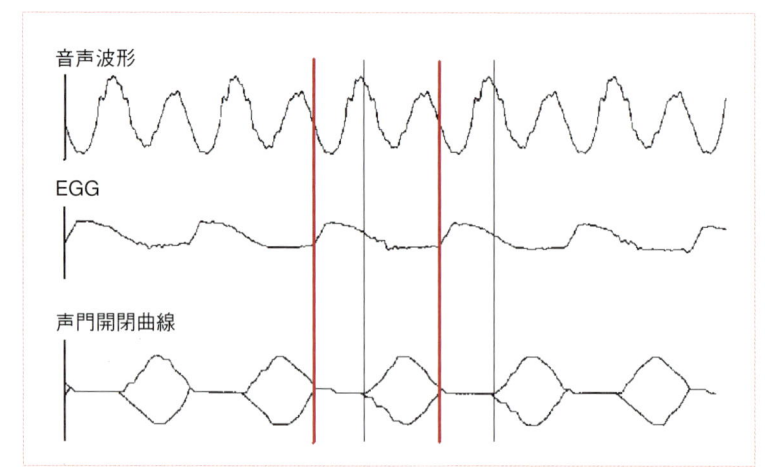

図8-1　男性健常者が地声で母音を持続発声したときの音声波形と高速度撮影から求めた声門開閉曲線（「廣瀬 肇：音声障害の臨床，インテルナ出版，1998」より一部改変）
　　　太い縦線（赤）は声門が閉じた時刻，細い縦線は開いた時刻を示す．周期的かつ規則的に声門開閉を繰り返し，声門閉鎖区間が比較的長い．EGGは喉仏の左右表面に貼った電極の間に微弱な電圧をかけ，声門の開閉に伴う電流の増減をはかって，声門の開閉を推定する方法．声門が閉じるとEGGは急勾配で上昇した後，緩やかに下降し始め，声門が開くと下降しきって平坦になる．

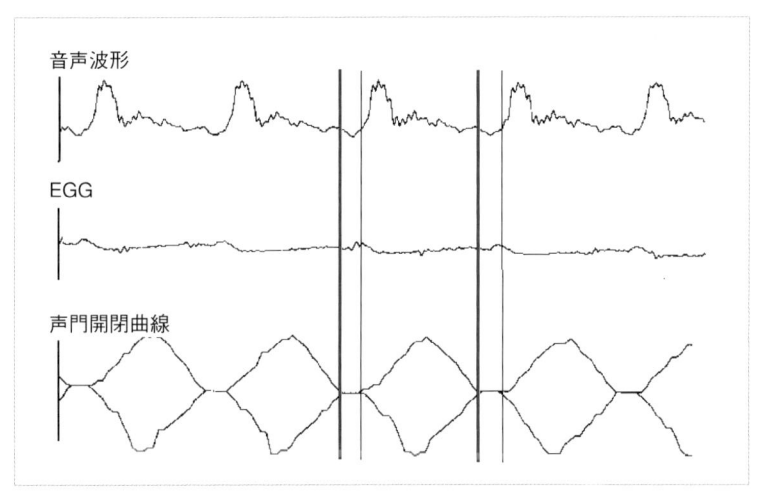

図8-2 健常者が気息性の発声をしたときの音声波形と声門開閉曲線
(「廣瀬 肇：音声障害の臨床, インテルナ出版, 1998」より一部改変)
　地声に比べて声門閉鎖区間が短くなり，EGGには微弱な振動しか観測できず，音声波形には雑音成分が増える．

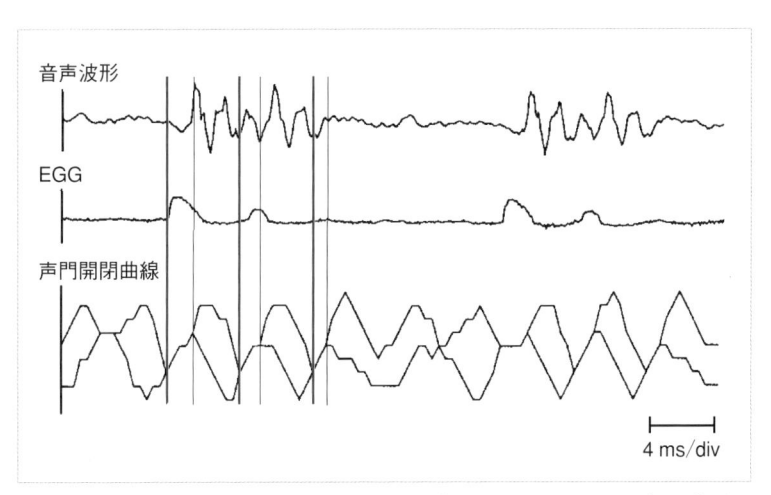

図8-3 喉頭調節に障害をもつ話者が母音を発声したときの音声波形とEGG, 声門開閉曲線 (「廣瀬 肇：音声障害の臨床, インテルナ出版, 1998」より一部改変)
　左の声帯が5回振動する間に，右の声帯が4回振動している．そのため，閉鎖区間長の異なる声門閉鎖が起こる．EGGにも音声波形にも周期と振幅ゆらぎが顕著になる．

は，Laverによると，地声（modal voice），うら声（falsetto），ささやき声（whisper），クリーク（creak），嗄声（harshness），気息声（breathiness）に分類できる．これらは音声学的考察から提案され，声質記述のための国際音声字母（IPA）として採用されている．このような発声モードの調節は，日本語では主として発話意図や心的態度に関わるパラ言語的情報や，感情や情動に伴う非言語的情報の伝達に関わっている．

　一方，喉頭に病変があると，声帯振動も影響を受けて様々に変化することが多い．図8-3に引用した例では左の声帯が5回振動する間に，右の声帯が4回振動している．そのため，声門が閉じる周期と開いたままの周期とが繰り返し現れることになる．声門が

1　声帯振動と声質　87

閉じる周期では音声波形が大きくなり，閉じない周期では小さくなる．そのため音声波形には周期にも振幅にもゆらぎが顕著に現れる．このような音声では基本周波数を定義することがむずかしくなり，聴覚的には二重の高さが感じられることもある．喉頭病変に伴う声帯振動の変化は様々で，特徴的な声質を作り出すことが多い．

2 GRBAS 尺度

喉頭病変に伴う声質を聞き取ってその印象を評価し分類するために，日本音声言語医学会が提案した GRBAS 尺度は世界中で使用されている．GRBAS 尺度の G は，対象となる音声の嗄声度（grade of hoarseness）を 0, 1, 2, 3 の 4 段階で評価する．0 は嗄声の度合いが 0, 3 は最強度，1, 2 はその中間の強度である．R は粗糙性（rough）でがらがら，ごろごろと表現できる聴覚印象，B は気息性（breathy）で息漏れがある聴覚印象を表す．A は無力性（asthenic）で，声の弱々しさを，S は努力性（straind）で，気張っていかにも無理をした聴覚印象を表す．R，B，A，S のそれぞれに対して 0, 1, 2, 3 の 4 段階で，それぞれの声質の強度を主観的に評価する．

熟練度の違いによって評価にばらつきが生じることを最小限にするために，基準となる音声やそれに対応する声帯振動の画像データが用意されている．このような基準データを活用して，聴覚的評価の能力を鍛える必要がある．

3 病的音声の音響的特徴

声質に関連する音響的特徴として，基本周波数や振幅のゆらぎや，雑音成分，高調波成分の強弱を表す指標が使用される．図 8-4（a）に示すように，持続発声した母音の基本周波数（F_0）や振幅には健常者であってもゆらぎがある．ゆらぎが全くないと機械的な音に聞こえて，人間らしさが失われる．一方，図 8-4（b）のように，ゆらぎが大きすぎると粗糙性が増大し，コミュニケーション上の支障になることもある．

基本周波数や振幅のゆらぎは，図 8-5 に示すように，トレンドに対するゆらぎ幅の比率として計測されることが多い．トレンドとは声質には直接関係しない全体的な緩やかな変動で，発声の始まりや終わりに起こる上昇や下降に対応する．図 8-5 は，声帯振動の基本周波数が高い，低い，高い，低いという具合にゆらぎながら緩やかに低下していく例を示している．トレンドに対するゆらぎ幅の比率をピッチ変動指数（PPQ：Pitch Perturbation Quotient）と定義して，基本周波数のゆらぎの大きさを表すことができる．振幅のゆらぎに対しても同様の指数が提案されている．

図 8-6 で雑音成分の音響的な意味を考えてみよう．健常者が地声で発声した有声母音には図では F_0 と表示した基音とその倍音が明瞭に観測できる．倍音は F_0 の整数倍の周波数をもつ部分音で高調波成分，基音と倍音はまとめて調波成分（Harmonics）と表現される．健常者の有声母音でも息漏れなどのために多少の雑音成分が観測される．パワースペクトル上は，調波成分以外の部分音，つまり非調波成分として観測される．隣り合う調波成分の間の谷の深さが雑音成分の強さに関係し，雑音成分が強いほど谷は浅くなる．図 8-6（b）〜（d）では 2 kHz 以上の周波数帯域では雑音成分に埋もれて調波成分が確認できなくなっている．このように病的音声では調波成分に比較して雑音成分が増大することが

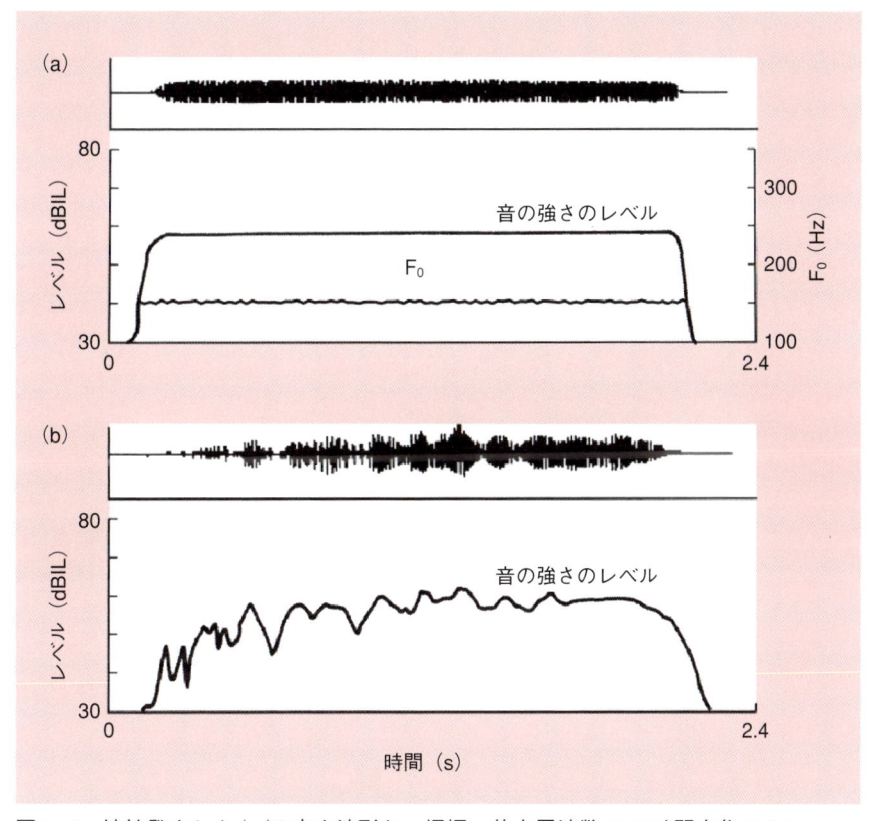

図8-4 持続発声した/e/の音声波形と，振幅，基本周波数F_0の時間変化パタン
(a) 健康な声帯をもつ話者の/e/．F_0に細かいゆらぎが観測される．(b) 音声障害のある話者の/e/．振幅に大きなゆらぎが観測される．この音声ではF_0の正確な抽出ができなかった．

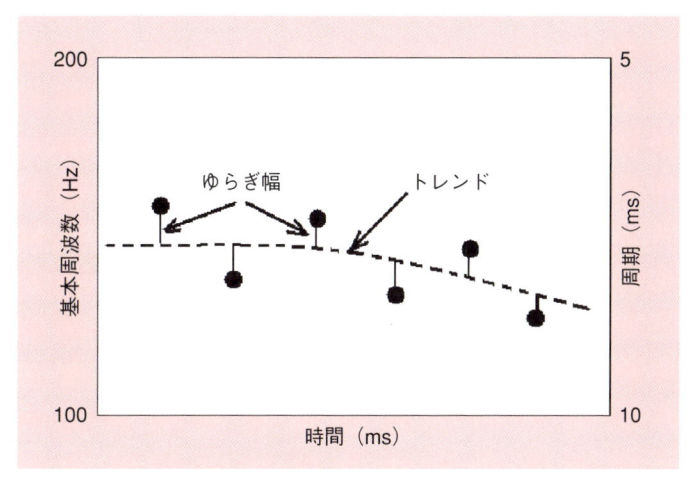

図8-5 基本周波数（基本周期）のゆらぎ
点線で示す緩やかな変動がトレンド，声帯振動1回ごとの基本周期のトレンドからの「ずれ」がゆらぎ幅．トレンドに対するゆらぎ幅の比率を周期変動指数（PPQ：Pitch Perturbation Quotient）と定義して，基本周期のゆらぎの大きさを表す．

3 病的音声の音響的特徴

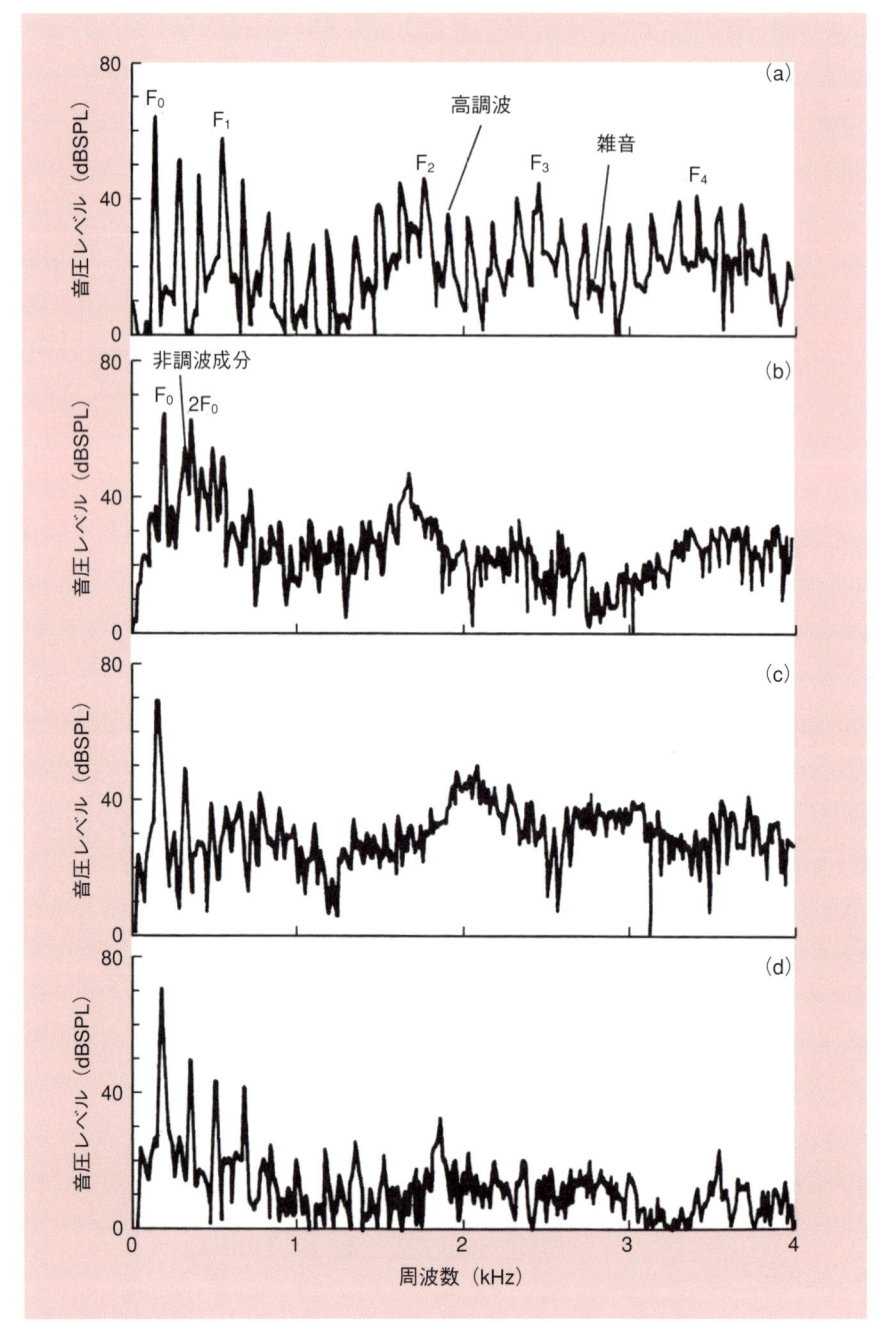

図8-6 持続発声した/e/のパワースペクトル
(a) 健常男性の/e/，以下，(b) 粗糙性，(c) 気息性，(d) 無力性の強い音声の例．F_0：基本周波数，$F_1 \sim F_4$：第1～第4ホルマント周波数，その他の記号の説明は本文に示す．

多く，気息性を中心に他の声質にも関わる重要な特徴となっているため，雑音成分の強さを表す指標が活用されている．これらは，音声を信号処理して調波成分と雑音成分のそれぞれのエネルギーを分離推定し，両者の比をHN比（Harmonics-to-Noise ratio）として表したり，音声全体のエネルギーに対して雑音成分のエネルギーの比をデシベルで表す指標などである．

基本周波数や振幅のゆらぎも非調波成分を増大させる．基本周波数や振幅が周期的に変

動すると，図8-6（b）で示したような線スペクトル状の非調波成分が出現して，粗糙性を増強させることがある．図8-6（c）や（d）のように，基音に比較して第2倍音以上のレベルが20 dB程度以上低下して，それ以上の高調波成分が非調波成分に埋まってしまう音声では，無力性の声質が顕著になることが多い．

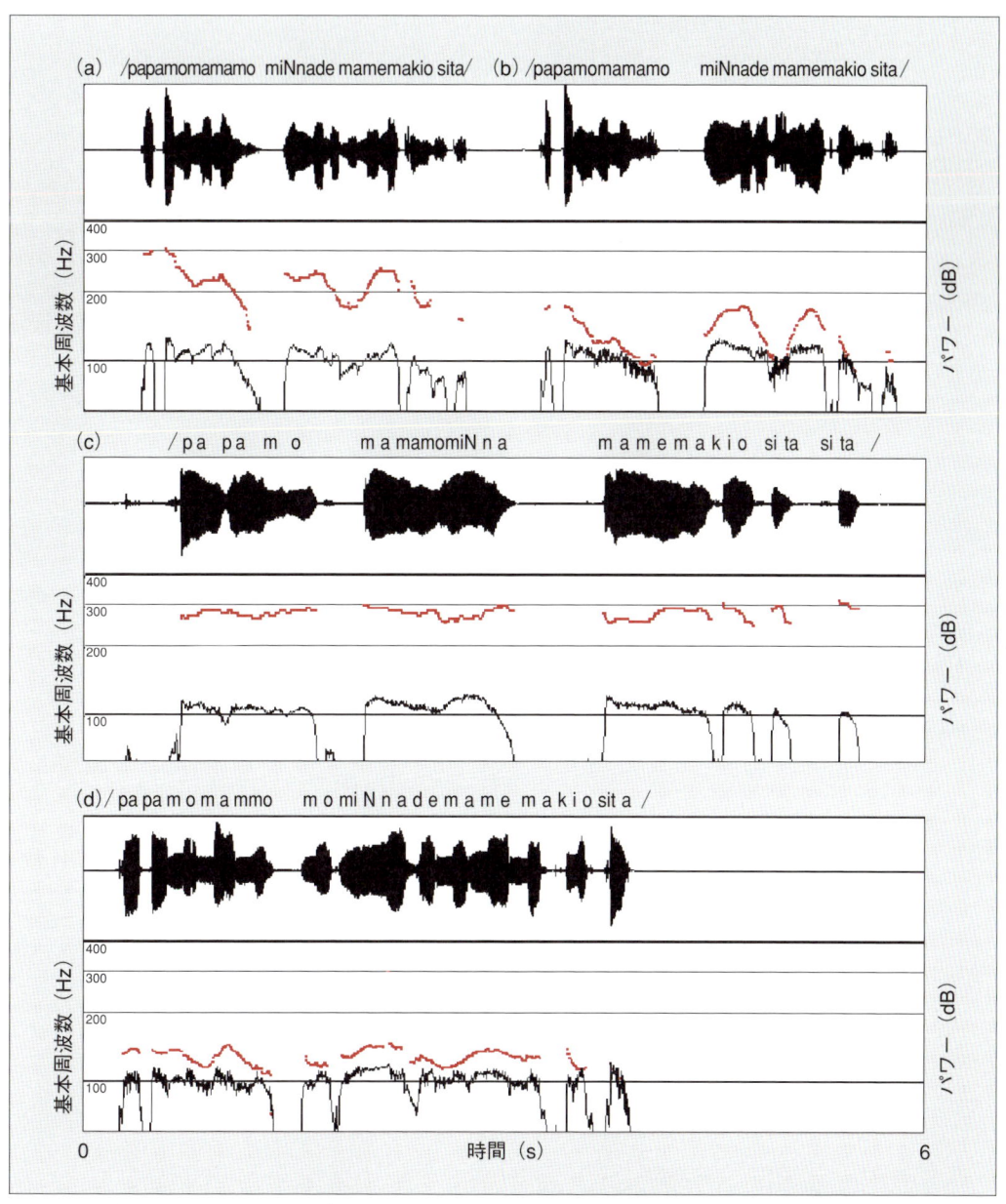

図8-7 （a）健常女性，（b）健常男性，（c）ハンチントン舞踏病女性，（d）小脳変性症男性が発話した「パパもママも，みんなで豆まきをした」の音声波形と基本周波数（赤），振幅（黒）の時間変化パタン

健常音声に比較して，(c) では基本周波数の変化範囲が狭く，「パパも」では遅いのに「みんなで」では異常に速く「で」が欠落し，「パパも」の2モーラ目の閉鎖子音の唇の閉鎖に対応する振幅減少が不完全である．(d) では「ママも」に/a/の欠落や/mo/に繰り返しがみられる．(c)，(d) では発話速度が遅くモーラ長の変動が大きい．

4 話し言葉の障害に関連する音響的特徴

　話し言葉の聴覚的評価は多方面に渡る．声質に加えて，声の高さ，大きさ，ふるえ，話す速さとその変動，話し方の滑らかさ，抑揚の豊かさ，母音や子音の歪みや誤りやその起こり方，鼻漏れによる子音の歪み，発話全体に渡る明瞭度や異常度などが評価の対象となる．日常生活や音声コミュニケーションの場面で，どのような不便があるかを患者自身が評定するための尺度も提案されている．

　これらの多面的な特性を音響的特徴に関連づけることは必ずしも簡単ではないものの，音響学的な知識は聴覚的評価をはじめとする主観的評価を定量的に裏づけるために有用である．たとえば，図8-7に示すハンチントン舞踏病患者の「パパもママもみんなで豆まきをした」という発話の基本周波数と振幅の時間変化パタンから，基本周波数の変化範囲が狭く抑揚が乏しいこと，話す速さも「パパも」では遅いのに「みんなで」では異常に速くなってモーラ等時性が乱れモーラ長が不規則に変動すること，「パパも」の2モーラ目の閉鎖子音/p/の唇での声道閉鎖が不完全で歪みがあること，などの特徴を定量的に観測することができる．

第9章

聴覚の基本構造

Speech-
Language-
Hearing
Therapist

第9章

聴覚の基本構造

　本章ではヒトの聴覚を音響の視点から学ぼう．外耳，中耳，内耳を介して音響信号が聴覚神経上の信号に変換されて中枢に伝達される．聴覚神経経路は大脳皮質に至るまでに何段階かの中継点を通る．この間に音信号がどのように神経上の信号に変換され，どのような信号処理が行われる可能性があるかを考える．

1 伝音系の機能

　図9-1に示すように，聴覚器官は，音を鼓膜や耳小骨の振動として内耳に伝える伝音系（外耳と中耳）と，振動を神経インパルスに変換して中枢に伝達する感音系（内耳と聴神経経路）に分けることができる．まず伝音系の音響的な機能を考えてみよう．外耳も中耳もそれぞれの役割をもっている．外耳の耳介は音波がどの方向から到達するかに応じて音の特性を変えるから，音源がどこにあるかを知覚するうえで重要である．外耳道は入り口が開口端で奥の鼓膜が閉口端になるから，声道の伝達特性で述べたように1/4波長共鳴管として働き，共鳴周波数では鼓膜面に音圧の腹ができる．この共鳴特性のため3.5 kHz付近の音波が他の周波数より効率的に鼓膜を振動させることになる．鼓膜の振動は中耳の3個の耳小骨（ツチ骨，キヌタ骨，アブミ骨）の振動を介して，蝸牛の前庭窓に伝達される．耳小骨連鎖は空気の振動を内耳の液体の振動に変換する装置である．仮に空気中の音波が内耳液に直接入射したら，空気と内耳液では音響インピーダンスが違いすぎるため，ほとんど反射されて透過できない．耳小骨連鎖は面積の大きい鼓膜が受けた音響エネルギーを面積の小さい前庭窓を通して内耳液の振動に効率よく変換する装置，インピーダンス整合器なのである．中耳の構造は0.5～4 kHzの音波を最も効率的に伝達することが知られている．中耳の伝達特性は固定されたものではなく，強大な音が来ると耳小骨同士をつなぐ筋肉が収縮し伝達効率を下げる機能がある．中耳反射というこの現象は，強大な音に対して内耳を守る働きのほか，自分の音声の聴こえをおさえることや，低周波音の伝達効率を下げることによって高周波音を聞きやすくするなどの機能があると考えられている．

2 感音系の機能

　図9-1～9-3に示すように，内耳の蝸牛は音の周波数情報を基底板上の位置情報に変換し，さらに神経信号に変換する機能を果たしている．耳小骨の振動を受けて前庭窓が振動し始めると，非圧縮性の蝸牛内液を通して振動は蝸牛底から蝸牛頂にかけて進行し，基底板上には図9-4に示すような進行波が起こる．この進行波のピーク位置は伝達された

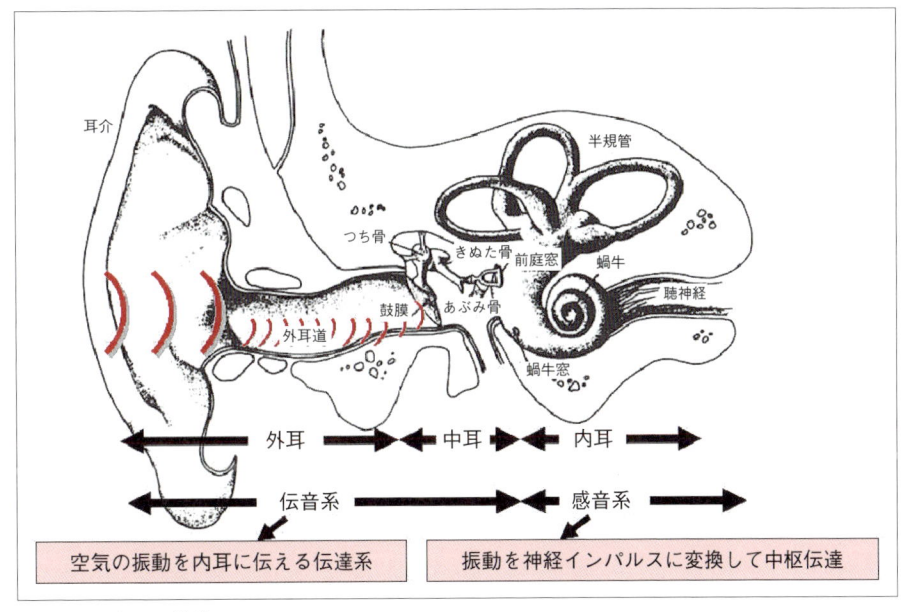

図 9-1　聴器の構造
　音を鼓膜や耳小骨の振動として内耳に伝える伝音系（外耳と中耳），振動を神経インパルスに変換して中枢に伝達する感音系（内耳と聴神経経路）に分けることができる．

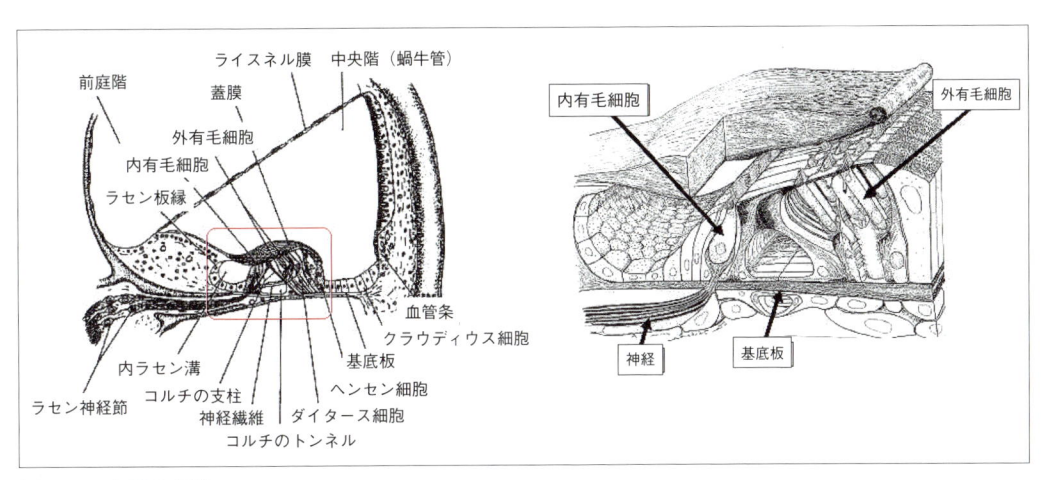

図 9-2　内耳の構造
　（左）蝸牛の断面，（右）コルチ器（左の図の□で囲んだ部分）の拡大図．外有毛細胞と内有毛細胞が基底板の上に並んでいる．
　（右図は「T. Takasaka：The cochlear Ultrastructure and Its Micromechanics, Sakai-SHuppan, 1993」より一部改変）

　音波の周波数に応じて変化する．基底板は前庭窓に近い蝸牛底では狭く硬く，蝸牛頂に近いほど広く柔らかくなる．この特性のために，高周波音が来たときの進行波は蝸牛底に近い入り口付近でピークに達したのち急速に減衰し，その先には進行しない．高周波音に対し進行波は蝸牛のより奥の蝸牛頂に近い部位にまで進行してからピークに達する．この機構は音の周波数情報を基底板上の位置情報に変換する機能を果たしている．
　図 9-3 に示すように蝸牛はこのように入り口に近い部位では高周波音を，頂点に近い部位では低周波音を担当し，基底板上の位置に応じた周波数分析を行う．周波数の違う 2

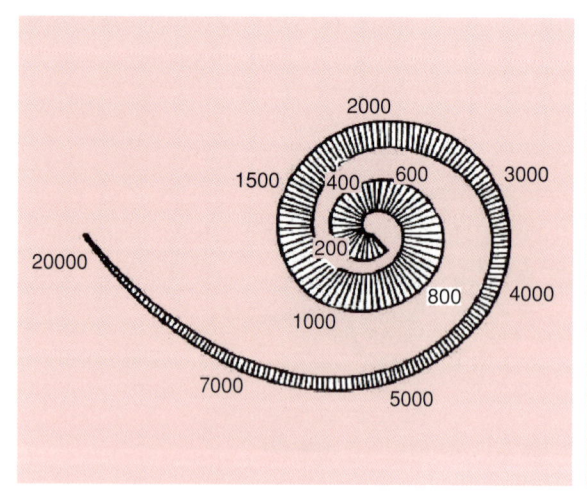

図9-3 基底板の構造と周波数分析

　基底板は基底部の幅が細く，先端（頂部）に近づくほど幅が広くなっている．図9-4に示すように前庭窓に音波が到来すると基底板上に基底部から頂部へ向かう進行波が発生する．周波数が低い進行波ほど頂部に近い部分まで進行する．図中の数値は進行波の振幅が最大となる周波数を示す．基底部は高い周波数，頂部に近づくほど低い周波数の音を分析する機構になっている．

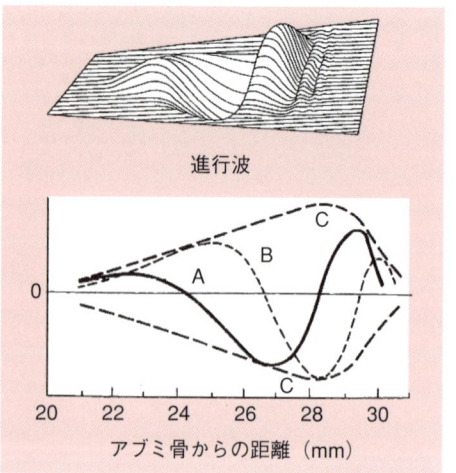

図9-4 アブミ骨を介して前庭窓に音波が到来すると基底板上に基底部から頂部へ向かう進行波が発生する（上）．下図には進行波がAからBへ進行する様子と，進行波の頂点の軌跡Cを示す

　進行波の頂点Cは周波数に応じて決まった位置で最大値に達した後，急速に減衰する．図9-3に示すように，周波数の低い進行波ほど基底板の頂部に近い部分で最大値に達する．

（Evans, 1975）

　音が同時に到来したときに，どの程度周波数が違っていれば，それぞれの進行波が2個の別々のピークを形成し区別できるか，あるいは1個のピークになって区別できなくなってしまうのか，つまり周波数分析の細かさは周波数によって異なる．音の周波数と基底板上のピーク位置は比例関係にはなく，低周波音の方がより細かい周波数間隔で分析される．言い換えれば，100 Hzの周波数差がある2音でも，低周波音なら基底板の先端部に互いに離れた部位にピークを形成し区別しやすくなるものの，高周波音なら基底板の底部に近い部位に重畳したピークを形成し互いに区別しにくくなる，ということである．

　音波による振動を神経信号に変換する機構の中心は内外有毛細胞である．図9-2にみるように基底板と蓋膜の間にある有毛細胞は，蝸牛の渦巻きの外側に最大5列の外有毛細胞が，内側に1列の内有毛細胞がある．外有毛細胞は約25,000あり，それぞれの先端から約140本の毛が突き出して蓋膜に接している．内有毛細胞は約3,500あり，約40本の毛があり，蓋膜には接していないと考えられている．基底板に進行波が起こると，基底板と蓋膜にずれが生じ，有毛細胞の毛の傾きが変化する．これによって内有毛細胞に興奮が起こり，内有毛細胞にシナプス結合している聴神経細胞に活動電位を発生させる．

　各内有毛細胞それぞれが蝸牛から聴覚神経系に情報を伝達する約20の求心性神経細胞とシナプス結合している．大多数の求心性神経細胞は内有毛細胞にシナプス結合しているので，音情報のかなりの部分は内有毛細胞を介して聴覚野に送られると考えられている．

　一方，外有毛細胞の働きは比較的最近まで不明であった．しかし，1978年にKempが発見した耳音響放射という現象が発端となって，外有毛細胞の能動的な働きが明らかになってきた．つまり，外部音が小さい場合に外有毛細胞自身が伸縮運動をして基底板の振動を増幅し，音に対する感度と周波数分析能を上げていると考えられるようになってきた．

このような考えは，外部から与えた音に対して内耳が音を出すこと（誘発耳音響放射），放射される音の相対レベルは外部提示音が小さい場合の方が大きいこと，外部音がなくても内耳が音を放射すること（自発耳音響放射），騒音や薬物による難聴があって蝸牛の生理的状態が悪いと誘発耳音響放射が消失すること，外有毛細胞だけに作用する薬物を与えたとき蝸牛の周波数分析能が低下すること，などの現象によって支持されている．さらに脳幹の上オリーブ複合体から発する約 1,800 の遠心性神経細胞のほとんどが外有毛細胞に連絡していることから，外有毛細胞の能動的な働きが高次中枢の制御を受けている可能性も指摘されている（図 9-8）．

3 聴神経の反応特性

内有毛細胞にシナプス結合している聴神経は音がなくても毎秒 0 〜 150 回程度の範囲で神経インパルスを発射し自発放電している．自発放電の多さは神経線維によって異なり，多い線維の方が音に対する感度が高い，つまり閾値が低い傾向がある．ここでいう閾値とは音刺激レベルを上昇していったとき，放電頻度が変化し始める最小の刺激レベルのことである．最も感度の高い神経線維の閾値は 0 dBSPL に近く，最も感度の低い神経線維の閾値は 80 dBSPL かそれ以上である．

それぞれの神経線維の閾値は周波数に応じて変化することが知られている．閾値が最小になる周波数，つまり最も感度の高くなる周波数を，その神経線維の特徴周波数（characteristic frequency：CF）という．刺激音の周波数が特徴周波数からはずれると，閾値は上昇するので，図 9-5 のように特定の周波数範囲の音信号を伝達するバンドパスフィルタの特性を示す同調曲線が得られる．この同調曲線は周波数軸を対数尺度で表現すると，低周波数側では緩やかに上昇し，高周波数側ではより急峻に上昇する．このように聴神経が周波数選択性をもつのは基底板上の特定の位置にある有毛細胞からの信号を伝達

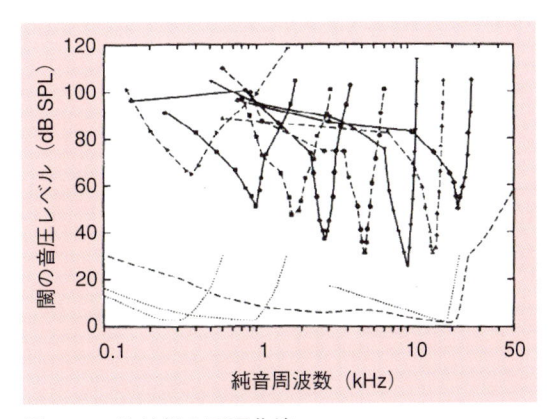

図 9-5 聴神経の同調曲線
　刺激音の周波数と強さを変化させて，聴神経が神経インパルスを発火する閾値を測定した例．聴神経それぞれに閾値が最小になる周波数，特徴周波数が決まっていて，刺激音の周波数が特徴周波数から外れると閾値が上昇し，刺激音を強くしないと発火しなくなる．そのため，聴神経それぞれが特定の周波数範囲の音だけを符号化する特性をもち，同調曲線は V 字型になる．

するためであり，同調の鋭さも基底板の周波数・位置変換の細かさに起因する．特徴周波数の高低に対応して聴神経は神経束の外側から内側に向けて並んでいる．特徴周波数と神経線維の整然とした位置関係はトノトピー（周波数の場所表示）と呼ばれ，基底板でも一次聴覚野でも観測されている．

　刺激音の強さを徐々に上昇させていくと聴神経の単位時間当りの発火率は，自発放電の一定状態から閾値を経て徐々に上昇し飽和レベルに達する．閾値と飽和レベルのレベル差，すなわちダイナミックレンジ（dynamic range）は聴神経の閾値と自発放電率によって変化する．自発放電率が高く閾値が低い聴神経のダイナミックレンジは狭い傾向がある．ほとんどの聴神経のダイナミックレンジは 20 ～ 50 dB の範囲にある．

　図 9-6 に示すように聴神経には刺激波形の特定の位相に同期して発火する位相固定（phase locking）という特性がある．単純化して表現するならば，基底板が蓋膜方向に変位したときに有毛細胞の毛の歪みが最大になって発火が生じると考えられる．そのため刺激波形の正負両側のピークに対して発火するというよりも，基底板を蓋膜方向に変位させる極性のときのみ発火する確率が高くなる．このため刺激音が周期 10 ms の 100 Hz の純音なら，10 ms，20 ms，30 ms など 10 ms の整数倍の時間間隔で，つまり一定の位相で神経インパルスが発射されることになる．刺激波形の周期に関する情報が発火の時間パタンによって伝達されるということである．左右の耳に到達した音の時間差（位相差）は音がどちらから来たかを知覚するうえで重要な手がかりとなる．位相固定という特性は左右耳の位相差を伝達し，音源定位の重要な手がかりを与えている可能性がある．また，刺激

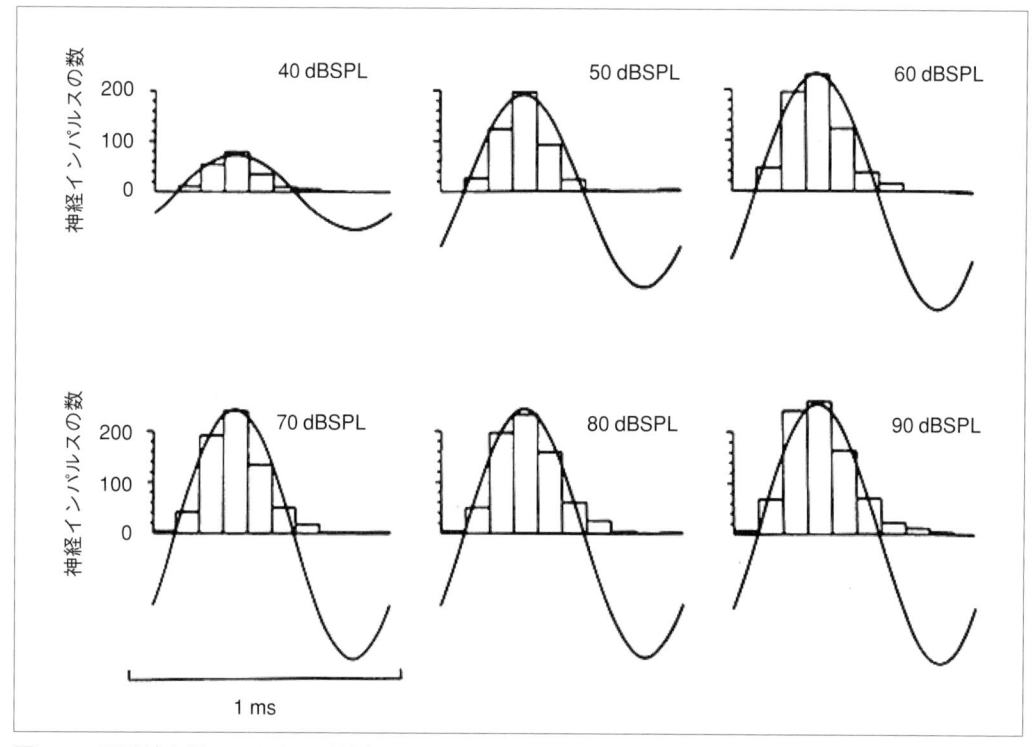

図 9-6　正弦波を聞いたときに聴神経が発する神経インパルスの数を計測した結果
　正弦波の振幅が正のとき（基底板が蓋膜方向に変位したとき），有毛細胞の毛の歪みが最大になって，神経インパルスの発火数が最大になる．入力音の特定の位相で発火する特性なので，位相固定特性と呼ばれる．
（Rose et al., 1971）

波形の周期に関する情報は基音と倍音の検出と統合にも関与し，背景雑音と信号の分離や，複合音の高さや音色の知覚にも関係する可能性がある．

ただし，この位相固定という特性は $4〜5\,\text{kHz}$ 以下の音に対して起こる現象で，それより高い音に対しては消失する．$5\,\text{kHz}$ の音の周期は $0.2\,\text{ms}$ であり，神経インパルスの発火時間の精度が追いつかなくなるためと考えられる．

4 耳から聴覚皮質までの構造と機能

図9-7のように，聴覚神経伝導路は，内耳から蝸牛腹側核，蝸牛背側核，上オリーブ核，外側毛帯，下丘，内側膝状体など複数回の中継核を経て大脳皮質に至る．右耳が検出した音信号は主として左側頭葉の聴覚野に，左耳からは主として右側頭葉の聴覚野に投射されると考えられるものの，同側への投射もあり，視覚系に比較して複雑である．視覚系では内側膝状体での中継を経て，右視野は大脳皮質の左視覚野に，左視野は右視覚野に投射される．

図9-7に示したように，聴覚神経伝導路の神経活動は脳幹反応（I波〜V波）や中間潜時反応，事象関連電位（N1，P2など）として観測でき，聴覚の研究や臨床に活用されている．

外耳から聴覚野までの聴覚情報の流れをまとめると図9-8のようになる．ただし，聴覚神経伝導路の神経細胞群の機能に関してはまだ未解明な点が多い．これらのなかには，音刺激の立ち上がりのみに反応する神経細胞，立ち下がりのみに反応する神経細胞，両方

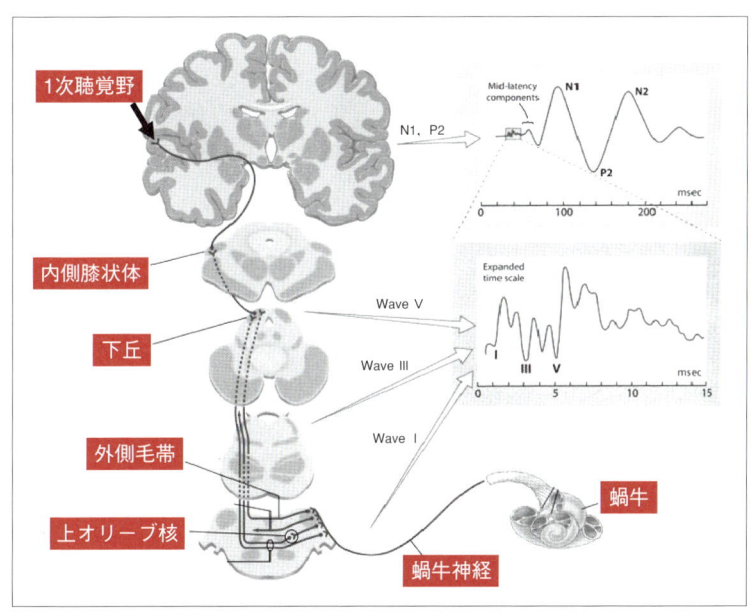

図9-7 聴覚神経伝導路と神経活動（上），聴覚神経伝導路の概略図（下）
　内耳から蝸牛腹側核，蝸牛背側核，上オリーブ核，外側毛帯，下丘，内側膝状体など複数回の中継核を経て側頭葉の聴覚皮質に至る．聴覚神経伝導路の神経活動は脳幹反応（I波〜V波）や中間潜時反応，事象関連電位（N1，P2など）として観測できる．
　（「Gazzaniga et al.：Cognitive Neuroscience, Norton, 2002」より一部改変）

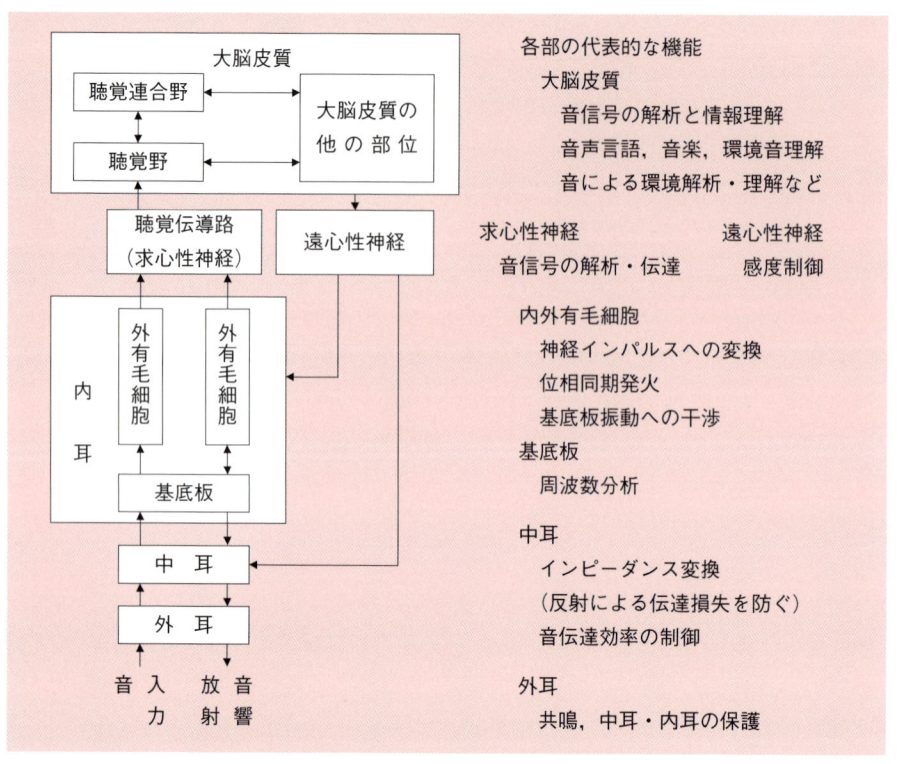

```
                    大脳皮質
         ┌─────────────────────────┐
         │ ┌─────────┐  ┌────────┐ │      各部の代表的な機能
         │ │聴覚連合野│←→│大脳皮質の│ │       大脳皮質
         │ │         │  │他 の 部位│ │          音信号の解析と情報理解
         │ │ 聴覚野  │←→│         │ │          音声言語，音楽，環境音理解
         │ └─────────┘  └────────┘ │          音による環境解析・理解など
         └──────↑↓──────────↑↓─────┘
           ┌────────┐   ┌────────┐       求心性神経        遠心性神経
           │聴覚伝導路│   │遠心性神経│      音信号の解析・伝達   感度制御
           │(求心性神経)│   │        │
           └────────┘   └────────┘       内外有毛細胞
                ↑          ↓                神経インパルスへの変換
         ┌──────────────────────┐          位相同期発火
         │内│外│ │外│              │          基底板振動への干渉
         │耳│有│ │有│              │       基底板
         │  │毛│ │毛│              │          周波数分析
         │  │細│ │細│              │       中耳
         │  │胞│ │胞│              │          インピーダンス変換
         │  └──┴─┴──┘              │         (反射による伝達損失を防ぐ)
         │   ┌─基底板─┐             │          音伝達効率の制御
         │   └───────┘             │       外耳
         └──────↑↓─────────────────┘          共鳴，中耳・内耳の保護
              ┌────┐
              │中 耳│
              └────┘
                ↑↓
              ┌────┐
              │外 耳│
              └────┘
              音  放
              入  音
              力  射 響
```

図9-8 外耳から聴覚野までの聴覚情報伝達導路と代表的な機能

に反応する神経細胞，さらに，周波数の上昇や下降など特定の方向への周波数変化に対して選択的に反応する神経細胞，両耳間の時間差や強度差に敏感に反応する神経細胞，特定の位置の音源に対して選択的に反応する神経細胞などが報告されている．

　これらの反応パタンは，複数音源からの音が入り混じって聞こえるような状況つまり現実の音環境下で，ある傾聴する音源から出た信号成分だけを抽出してまとめる（統合する）ことによって，その音源が出した音が何であるかを認知するために役立つような，基本的な情報を検出していると考えられる．複数音源からの音が入り混じって聞こえるような状況では，どの部分音がどの音源から出たものかは必ずしも自明ではない．しかし，同一音源から出た部分音なら，同時に立ち上がり，同時に終わる確率が高いし，共通の周波数変化を示す確率も高い．さらにこれらの部分音は相互にある関係をもった時間差，強度差で左右耳に到達するはずである．聴覚はこれらの特性をより高次のレベルで活用して複数の音源から重複して到来する複数の音を分離して，特定の音源に傾聴する，あるいは聞き分ける機能を実現している可能性がある．聴覚伝導路で行われるこれらの基本的な信号処理は，音の大きさ，高さ，音色の知覚や，話し言葉や音楽の理解など，より高次の情報処理につながっていく．

第10章 聴覚フィルタとマスキング

Speech-
Language-
Hearing
Therapist

第 10 章

聴覚フィルタとマスキング

　携帯電話の音声が街の騒音にマスされて聞こえないといった経験は誰にでもある．環境には様々な音が重畳して満ちあふれているから，傾聴したい音を他の音からいつでも完璧に分離して聞き取れるわけではない．時間的に前に起こった音があとからくる音の聞こえを妨害することもあるし，その逆も起こりえる．ある音に対する最小可聴値（threshold of audibility）が別の音の存在によって上昇する現象や，そのときの最小可聴値の変化量（dB）はマスキング（masking）と呼ばれる．この現象は聴覚の周波数選択性や臨界帯域，聴覚フィルタなど重要な概念と関連しているし，聴覚検査でも頻繁に活用される現象なので，詳しく考えてみよう．

1　同時マスキング

　帯域雑音を同時提示するとマスキングが生じて純音に対する最小可聴値は上昇する．この場合，帯域雑音は純音の聞こえを覆い隠す（マスクする）存在なのでマスカー，純音は覆い隠される存在なのでマスキー，マスキーが提示されている間は必ずマスカーが提示されている場合のマスキング現象は同時マスキングといわれる．

　図 10-1 は中心周波数 1 kHz の狭帯域雑音と純音を同時に提示して，純音の閾値を測定した結果である．純音の閾値は周波数ごとに測定している．中心周波数 1 kHz の帯域雑音（マスカー）のレベルを 20～100 dB の範囲で変化させると，純音（マスキー）の閾値は増大する．つまり，雑音が強ければ強いほど，同時マスキングが大きくなり，純音を強くしないと聞き取れなくなる．マスカーを 10 dB 増大させると，純音の閾値も 10 dB 増大する．純音の閾値は帯域雑音の中心周波数で最大になる．周波数が高い方が裾野は広い．つまり，狭帯域雑音が同じなら，中心周波数より周波数の高い純音の方が低い純音よりマスクされやすい．

2　臨界帯域

　図 10-2 で雑音の帯域幅を変化させると同時マスキングがどのように変化するかを考えてみよう．図では 2 kHz を中心とするマスカー帯域幅 ΔF の帯域雑音を同時に提示して，2 kHz の純音に対する閾値（最小可聴値）を測定した結果である．帯域雑音のスペクトルレベル，つまり周波数幅 1 Hz 当りの音響パワー，言い換えればパワー密度を一定にしておく．このようにすると帯域雑音の物理的強さ，つまりパワーは周波数幅 ΔF に比例することになる．

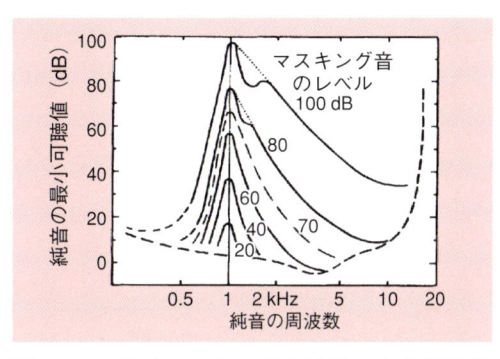

図10-1　同時マスキングの特性．中心周波数1 kHzの狭帯域雑音による純音に対する同時マスキング

1）マスカー（中心周波数1 kHzの帯域雑音）のレベルを20～100 dBの範囲で変化させたときのマスキー（純音）の聴覚閾値，2）中心周波数で聴覚閾値は最大，3）マスカーと同じ周波数帯域で聴覚閾値は最大になる，4）マスカーを10 dB増大させると聴覚閾値も10 dB増大する，5）周波数が高い方が裾野は広い．つまり，周波数の高い純音の方がマスクされやすい．

（Zwicker著，山田訳：心理音響学，西村書店，1992）

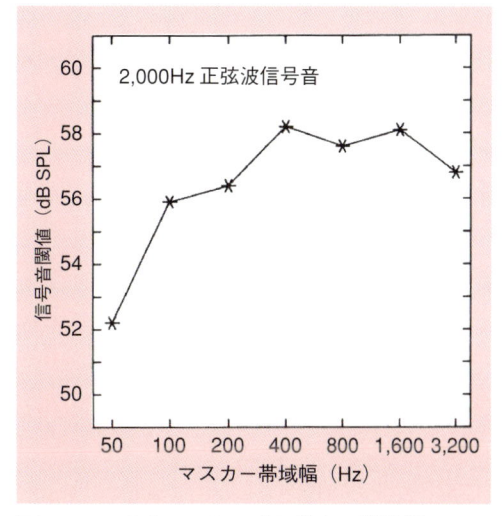

図10-2　同時マスキングと雑音の帯域幅

1）中心周波数2,000 Hzの雑音マスカーの帯域幅の関数としてプロットした，2,000 Hz純音の聴覚閾値．マスカーの帯域幅が広がるとそれに伴って信号の閾値が上昇しその後一定になる．2）臨界帯域（幅）：純音を同時マスキングする雑音は純音の周波数を中心とするある一定幅の周波数帯域に限定される．この周波数帯域が臨界帯域の概念を導いた．

（Schooneveldt and Moore, 1989）

　図10-2で周波数2 kHzの純音に対する最小可聴値を考えてみる．2 kHzを中心とする幅ΔFの周波数帯域に限定された帯域雑音を同時に提示して，純音に対する最小可聴値を測定した結果である．帯域雑音のスペクトルレベル，つまり周波数幅1 Hz当りの音響パワー，言い換えればパワー密度を一定にしておく．このようにすると帯域雑音の物理的強さ，つまりパワーは周波数幅ΔFに比例することになる．

　興味深いことに，ΔFを広げていくと，つまり帯域雑音の物理的パワーを上げていくと，純音に対する閾値は上昇していくものの，ある幅を超えると上昇が止まり一定値になって頭打ちになる．つまり，マスキングは帯域雑音の帯域幅ΔFに依存し，2 kHzを中心とする特定の帯域幅の雑音成分だけが純音をマスクするのである．言い換えれば，帯域雑音の物理的パワーのうち，特定の帯域に含まれるパワーのみがマスキングに寄与し，この帯域の外側にある雑音成分はマスキングに寄与しない．この現象を発見したFletcher（1940）がこの帯域幅を「臨界帯域幅（critical band）」と命名した．Fletcherの考えでは，純音も雑音も中心周波数 fc の臨界帯域幅をもった帯域通過フィルタを通して処理されており，このフィルタを通過した雑音パワーだけが純音をマスクする，ということである．

　図10-3に示すように臨界帯域幅は中心周波数が高いほど広くなる．100～500 Hzの範囲で臨界帯域幅は約100 Hzで変化が小さいものの，それより高い周波数では拡大し，1 kHzで約160 Hz，10 kHzで約5 kHzとなる．Fletcher（1940）は臨界帯域内の信号だけを通過させる矩形の帯域通過フィルタを仮定した．

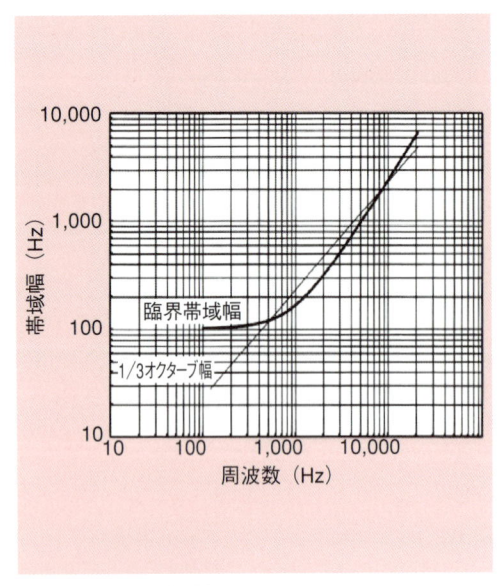

図10-3 臨界帯域幅
 聴覚は臨界帯域幅の帯域通過フィルタの集合と考えることができる．臨界帯域は 500 Hz で約 100 Hz，1,000 Hz で約 160 Hz，1 kHz 以上では約 1/4 ～ 1/3 オクターブ幅になる．対数表示すると 1 kHz 以上で直線的に増大する．なお，通過帯域の下限の周波数 f_1 と上限の周波数 f_2 の比が2のときオクターブバンドと表現し，中心周波数は $(f_1 \times f_2)^{1/2}$ となる．1/3 オクターブバンドはオクターブバンドの 1/3 の幅のことである．
（Zwicker and Terhardt, 1980）

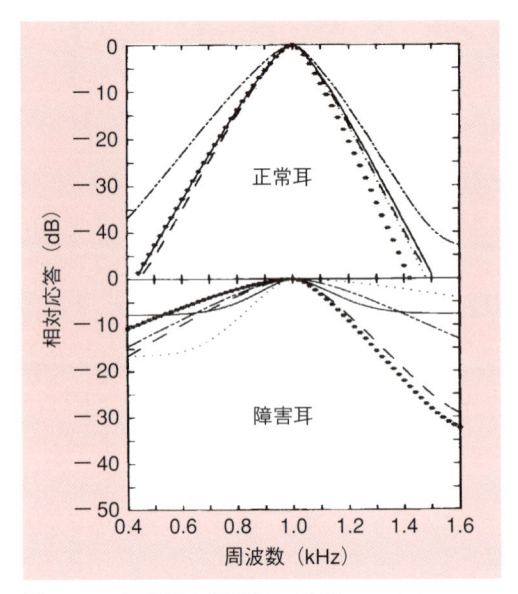

図10-4 正常耳と難聴耳の聴覚フィルタ
 内耳の障害で聴覚フィルタの幅が増大することが知られている．
（Glasberg and Moore, 1986）

3 聴覚フィルタ

　その後の研究で，図10-4 に示すような中心周波数をピークとしてその上下で滑らかに伝達特性が減衰する帯域通過フィルタがより現実に近いことが明らかになり，聴覚フィルタ（auditory filter）と命名された．聴覚末梢系を中心周波数が連続的にずれて帯域が連続的に重なった聴覚フィルタの集合と考えることができるということである．聴覚フィルタを面積が等しい矩形フィルタで近似したときの帯域幅，等価矩形帯域幅（ERB：equivalent rectangular bandwidth）は，臨界帯域幅に近いものの低周波数帯域ではそれより小さい値になる．

　臨界帯域幅や聴覚フィルタは，マスキング，大きさ，絶対閾，部分音の検知など多くの聴覚現象に関連する重要な概念である．

4 聴覚フィルタの生理的基盤

　臨界帯域幅や聴覚フィルタの生理的基盤はまだ十分には解明されていないものの，基底板と有毛細胞が形成する周波数選択性の関与は間違いないとされている．1臨界帯域幅に対応する基底板上の距離は，周波数に無関係にヒトの場合約 0.9 mm である．臨界帯域幅

は周波数が低いほど狭く，基底板上では周波数が低いほどより細かく周波数分解が行われている．このことは基底板上の周波数分解の細かさが臨界帯域幅に密接に反映されていることを示す．

5 同時マスキングの機構

まず同時マスキングの機構から考えてみよう．背景に雑音がある環境で信号に傾聴しようとすると，雑音による神経活動に対して信号に対するそれが最大になるように，信号に近い中心周波数の聴覚フィルタが使われると考えられる．その聴覚フィルタは背景雑音パワーの一部も通してしまうから，信号に対する閾値は，聴覚フィルタを通過した信号パワーと背景雑音パワーとの比，つまり信号対雑音比（signal-to-noise ratio：SN 比）によって決まると考えられる．実際，信号が純音の場合，この信号対雑音比は 1 対 1.25 で，レベル表示で $-4\,\mathrm{dB}$ となることが知られている．背景雑音パワーに対して 4 dB 小さくても信号を検出できるということである．この考え方はマスキングのパワースペクトルモデル（Patterson and Moore, 1986）として知られている．同時マスキングは信号を処理する聴覚フィルタが通してしまうマスカーのパワーによって決まるということである．

6 周波数と聴覚フィルタ

図 10-5 に示すように臨界帯域幅も聴覚フィルタの帯域幅も周波数上昇とともに広がる．また，聴覚フィルタは提示音圧が中程度以下なら中心周波数に対して対称で，提示音圧が高くなると中心周波数より低周波側の傾斜が緩やかになることが知られている．このことの意味を純音がマスカーになった場合を例に考えよう．マスカーの周波数より中心周波数

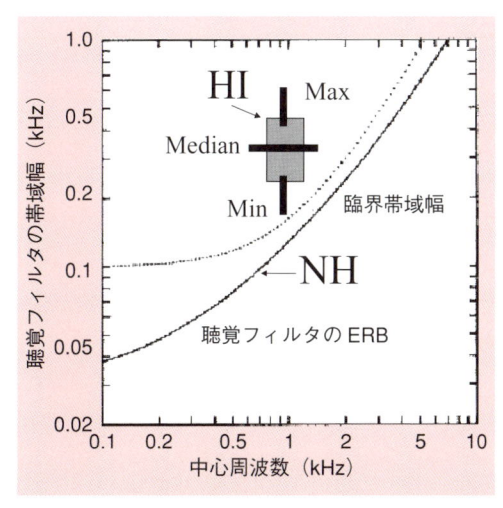

図 10-5　正常耳（NH）と内耳性障害耳（HI）の聴覚フィルタの帯域幅
　内耳性障害によって等価矩形帯域幅は広がることが多い．点線は臨界帯域幅である．
　（「Moore：An Introduction to the Psychology of Hearing, Elsevier, 2004」より一部改変）

が低い聴覚フィルタと高い聴覚フィルタを比較すると，低い方の帯域幅が狭い．ということは，マスカーを通してしまう聴覚フィルタは低周波側には狭い範囲に，高周波側には広い範囲に分布することになる．マスキングが起こる周波数範囲は，マスカーの周波数より低周波側では狭く，高周波側では広いということである．言い換えればマスカーはそれより高周波側の信号をよりマスクしやすいということである．

7 内耳障害と聴覚フィルタ

図 10-4，10-5 にみるように，外有毛細胞に障害がある内耳性聴覚障害者の聴覚フィルタは健聴者より広がることが知られている．このことは，同じマスカーであっても，マスキングされる周波数範囲は健聴者より広がることを意味する．つまり，聴覚フィルタが広がってしまった聴覚障害者は，その広がりに応じて背景雑音によるマスキングが増強されるため信号検知がより困難になると考えられている．

8 共変調マスキング解除

会話音声の聴取を妨げる背景雑音には街の交通騒音など時間的に変動する場合も多い．複数の臨界帯域にまたがったマスカーの部分音が，共通にあるいは相関して変動する場合が多いのである．聴覚はこのような共通変動の情報を活用してマスキングを軽減・解除する機能を備えている．この現象は共変調マスキング解除（comodulation masking release：CMR）といわれ，状況によっては 10 dB を超える大きさのマスキング解除が起こりえる．つまり複数の臨界帯域にまたがるマスカーの部分音同士に相関した変動がある場合，ない場合よりも信号に対する閾値は 10 dB 程度も低下する．聴覚が複数の聴覚フィルタの出力の相互関係を活用して信号検知に有利な処理をしている証拠の一つである．

9 非同時マスキング

マスカーとマスキーが同時ではなく時間的に前後して提示されたとき非同時マスキングが起こる場合がある．この現象はマスカーが終了してからマスキーが提示されるとき順向性マスキング（forward masking），逆にマスキーが終了してからマスカーが提示されるとき逆向性マスキング（backward masking）と呼ばれる．逆向性マスキングでは時間的に前（過去）に提示された信号の閾値が後で提示されるマスカーに影響されるという興味深い現象であるものの，被験者による変動が大きくその機構も明確にはなっていない．一方，マスカーが終了してから提示される信号の閾値がマスカーの影響で上昇する順向性マスキングに関しては一貫した特性が知られている．まずマスカーの終了と信号の始まりの時間差が小さいほど，高周波音より低周波音に対して，順向性マスキングは大きい．しかし，時間差が 100 〜 200 ms 程度で順向性マスキングは減衰してしまう．マスカーの提示レベルが高いほど順向性マスキングは大きいものの，同時マスキングに比較して提示レベルに寄るマスキング量の増加は小さい．またマスカーとマスキーの周波数関係によってマスキング量が変化する．

マスカーによって引き起こされた蝸牛基底板の振動がマスカー終了後に零に減衰するま

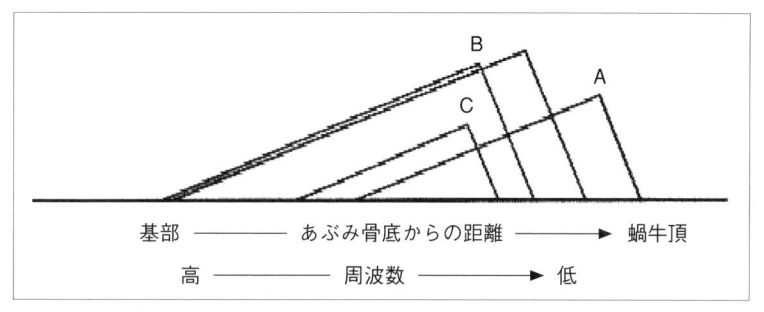

図10-6 順向性マスキングの機構
　マスカーによる蝸牛基底板の振動がマスカー終了後，減衰するのに時間がかかる．減衰振動は臨界帯域幅が狭いほど減衰振動は長引くから低周波音で長引く．減衰振動が続いている間に信号が提示されると，信号検知が減衰振動に妨げられて閾値が上昇する．

でにはある程度の時間がかかる．この減衰振動は高周波音より低周波音に対して長引く．減衰振動が続いている間に信号が提示されると，信号検知が減衰振動に妨げられて閾値が上昇する（図10-6）．時間差が小さいほど，かつ高周波音より低周波音に対して順向性マスキングが大きいという傾向は，このような機構によると考えられる．しかし，高周波マスカーに対する基底板の減衰振動は数msで終了するのに対して順向性マスキングが100 ms程度の時間差でも生じることや，周波数関係によってマスキング量が変化することは，2音抑圧など他の要因の関与が考えられている．

第11章 音の大きさの知覚と認知

Speech-
Language-
Hearing
Therapist

第 11 章

音の大きさの知覚と認知

　音の大きさ（loudness），高さ（pitch），音色（timbre）は，音の聴覚心理的な基本属性である．音の大きさは音の物理的な強さに関する聴覚上の属性と定義されているものの，実際には周波数スペクトルやその時間変化パタンにも依存する感覚量である．言語聴覚療法学の分野では，聴覚閾値と音の大きさとの関係，補充現象などと関連する重要な概念である．臨界帯域幅との関連も含めて音の大きさがどのように決まるのかを学ぼう．

1　音の大きさの知覚：絶対閾

　妨害音のない静かな状態で感知できる音の最小音圧レベルを絶対閾（absolute threshold），騒音下や暗騒音下で感知できる音の最小音圧レベルをマスク閾（masked threshold）という．後者は騒音の周波数特性や時間変化特性に影響される．

　ヘッドホーンを使用して絶対閾を測定する場合，鼓膜の近傍に小さなプローブマイクロホンを挿入して閾値に相当する音圧レベルを測定し，これを最小可聴音圧（minimum audible pressure：MAP），聴覚医学の分野では最小可聴値（聴覚閾値：threshold of hearing）という．大きな無響室でスピーカーを使って絶対閾を測定する場合，測定後に被験者を無響室の外に出して，被験者の頭の中心での音圧レベルを測定し，これを最小可聴野（minimum audible field：MAF）と呼ぶ．頭，耳介，外耳道の影響で最小可聴音圧と最小可聴野には多少の違いが出る．

　絶対閾は 1 〜 5 kHz の周波数範囲で最も低下し，つまり健常耳の感度はこの範囲で最も高く，周波数がこれより低くても高くても感度は低下し，絶対閾は上昇する．周波数と絶対閾の関係は聴力曲線（audibility curve）で表現される．このような特性になる原因は，外耳道の共鳴特性と中耳の伝達特性であると考えられている（図 11-1）．

　聴覚医学では若い健康な被験者の周波数ごとの最小可聴値の平均値を国際規格の基準値として定義し，これとある被験者の最小可聴値の差をとってその人の聴力を表現する．このレベル表示は聴力レベル（hearing level）で dB HL と表現される．聴力レベルを記載するオージオグラムの縦軸は閾値が上昇すると下降するようになっている．

2　音の大きさの等感曲線

　音の主観的な大きさをはかることは必ずしも簡単なことではない．広く受け入れられている方法は，測定しようとする音（被検査音）と同じ大きさに聴こえる 1 kHz 純音の音圧レベルを用いる方法である．被検査音と 1 kHz 純音を交互に聞きながら，1 kHz 純音

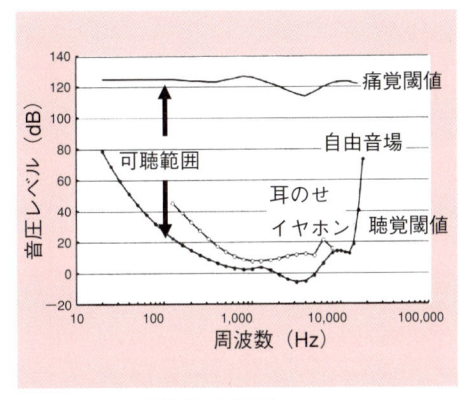

図11-1 可聴範囲(聴野)

聴覚閾値は音感覚を生じる最小の音圧レベルでイヤホン計測値と音場計測値がある.

痛覚閾値は痛みを感じる最小の音圧レベルで,これ以上音を強くすると危険なレベル.

可聴範囲は聴覚閾値と痛覚閾値の間で,聴野ともいう.周波数に応じて変化する.

可聴周波数範囲はある音圧レベルで聞き取れる最高周波数と最低周波数の幅.音圧レベルによって異なる.約16～20,000 Hzの範囲になる.
(ISO 389:1991, ISO 389-7:1996. 廣瀬他:言語聴覚士テキスト,医歯薬出版,2005.)

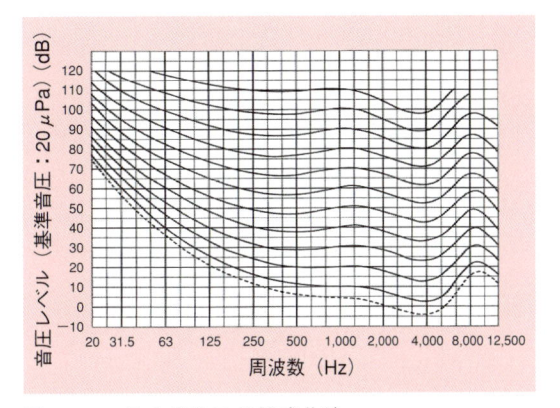

図11-2 ラウドネスの等感曲線

種々の周波数の純音に対して,たとえば40 dBSPLの1 kHz純音と同じ大きさに聞こえる音圧レベルをつないだ曲線で,この曲線上の音は,音の大きさのレベル(ラウドネスレベル)が40フォンである. 125 Hz, 40 dBSPLの純音は1 kHz, 30 dBSPLの等感曲線上にあるから,30フォンになる.言い換えると,ラウドネスレベルはある音を健聴な人が聞いて,それと同じ大きさに聴こえると判断した1 kHz純音の音圧レベルの値.ラウドネスレベルは大小関係は表すが,比例関係にはない.つまり,80フォンの音の大きさは40フォンの音の大きさより大きいものの,2倍ではない
(Robinson and Dadson, 1957. 曲線の微細な詳細はその後の研究でISO 226:2003など何度か修正されている.)

の音圧レベルを調節し,両者が同じ大きさに聴こえる音圧レベルをはかる.この音圧レベルが被検査音の音の大きさのレベル(loudness level)で,単位はフォン(phon)である.

逆に1 kHz純音の音圧レベルを固定しておいて,種々の周波数の純音に対して同じ大きさに聴こえる音圧レベルを描いたのが,音の大きさの等感曲線である.図11-2に示すように,音の大きさのレベルが低いときには絶対閾に近い曲線になるものの,レベルが上昇するにつれて平坦になる.絶対閾から100 phonまで大きさのレベルを上昇させるためには,1 kHzでは97 dB増幅する必要があるのに,100 Hzでは79 dB増幅するだけでよい. 100 Hzと1 kHzの純音を絶対閾から同じレベルだけ増幅すれば100 Hzの方が1 kHzより大きく聴こえることになる.逆に同じ音圧レベルの100 Hzと1 kHzの純音を同じレベルだけ減衰させると,100 Hzの方が小さくなるか,レベルによっては聴こえなくなるということでもある.オーディオ機器のボリュームを調節すると音の大きさばかりでなく音質も変化するのはこの聴覚特性が関係する(図11-3).

騒音計はこの等感曲線の重みをつけて音の大きさのレベルに近い値を出力するように設計されている. 40 phonの等感曲線の重みをA特性といい,測定値は45 dBAのようにdBにAをつけて表す. A特性以外に,70 phonの重みをB特性,ほぼ平坦なC特性が用意されている.

音の大きさのレベルはそのまま比例関係を示すのではないことに注意する必要がある.つまり80 phonの音は40 phonの音に比較して2倍の大きさには聞こえることを示すのではない.実際,80 phonの音は40 phonの16倍程度の大きさに感じられる.音の大きさのレベルを使用するときは,同じ値なら同じ大きさ,値が違うなら大きい方が大きい,

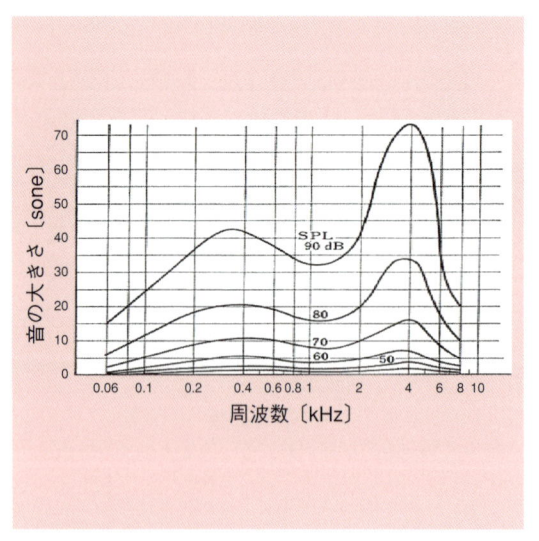

図11-3 音の大きさ（ラウドネス）と純音の音圧レベルの関係

比例関係が成り立つように定めたのが音の大きさ（ラウドネス，単位は sone）．音圧レベル 40 dB，1 kHz の純音を1ソーンと定義して，その2倍の大きさに聴こえる音を2ソーン，半分は 0.5 ソーンなどとする．40 フォンの音の大きさは1ソーン，80 フォンの音の大きさは 16 ソーンになる．2ソーンではないことに注意しよう．

（日本音響学会：聴覚と音響心理，コロナ社，1978）

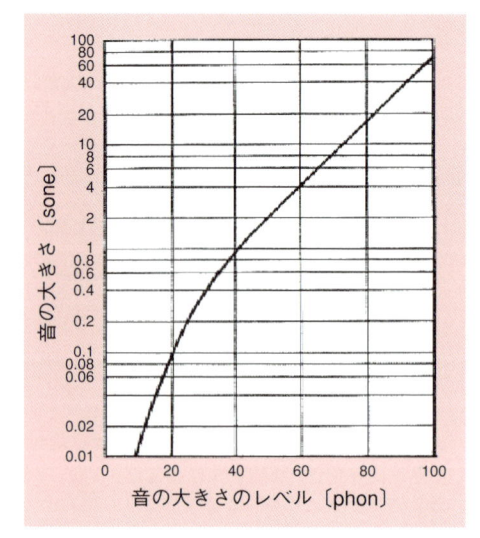

図11-4 音の大きさ（ラウドネス）と音の大きさのレベル（ラウドネスレベル）の関係

音の大きさを対数表示すると純音の場合，30 フォン以上の範囲ではほぼ直線関係になる．この範囲では 10 フォン上昇すると音の大きさはほぼ2倍になる．ただし，個人差が大きいなど議論も多い．

（日本音響学会：聴覚と音響心理，コロナ社，1978）

という順序関係は常に成り立つものの，一方が他方の2倍というような比例関係は表せないことに注意する．音の大きさのレベルは順序尺度であって，間隔尺度でも比例尺度でもないということである．

3　音の大きさ（loudness）

　Stevens（1957）は比例尺度としての音の大きさ（loudness）を定義した．彼は，1 kHz，40 dBSPL の純音の大きさを1ソーン（sone）と決めて，その2倍の音の大きさを2ソーンと呼ぶことにした．研究の結果，音の大きさ L は音の物理的な強さ I のべき乗（$I^{0.3}$）に比例し，10 dB レベルを上げるごとに音の大きさは約2倍になることを発見した．したがって，1 kHz，50 dBSPL の純音の大きさは2ソーンということになる．Stevens 以後，多くの方法が試みられたものの，時間的に変化する過渡的な音まで含めてあらゆる種類の音に対して音の大きさを正確に算出する方法に関しては，まだ論争が続いている．

　絶対閾や音の大きさは音の持続時間に依存することが知られている．持続時間が 150 ms 以下になると音の強さを増加させないと絶対閾に達しない．一方，500 ms を超えると，絶対閾や音の大きさに持続時間は関係しなくなる．約 15 ～ 150 ms の範囲では，刺激音の絶対閾はエネルギーの時間的積分値に依存すると考えられている（図11-4）．

4 強さの変化の検知

　音の強さが変化するとき，聴覚はどの程度の変化なら検知できるのだろうか．広帯域雑音や帯域通過雑音を 20 〜 100 dB の感覚レベルで提示した場合，強さの弁別閾（difference limen：DL）は 0.5 〜 1.5 dB で，提示レベルにかかわらず一定である．ただし絶対閾に近いと，この値は増大する傾向がある．強さの弁別閾が提示レベルによらず一定であるということは，デシベル値が比を表すことから，音の物理的な強さに対して検知できる最小変化量が比例する，つまり比が一定になることを意味する．この関係は他の感覚刺激でも成り立ち，Weber の法則と呼ばれる．

　興味深いことに，純音の強さの弁別閾は高提示レベルで Weber の法則より良くなる．1 kHz の純音の場合，20 dBSL で 1.5 dB，40 dBSL で 0.7 dB，80 dBSL で 0.3 dB と報告されている．提示レベルが上昇すると，強さの弁別閾が小さくなる．

　提示レベルが低いと聴神経はそれぞれの特徴周波数に近い音にしか反応しない．しかし，提示レベルが上昇すると，反応する周波数範囲が特徴周波数を中心にとくに低周波数側に広がってくる．そのため純音でも雑音でも，わずかに提示レベルが上昇すると，強さ情報の伝達に参加する聴神経が増え，かつそれぞれが伝達する神経インパルス数が増える．純音ではさらに位相固定で神経インパルスを発射する聴神経が増加するため，高い提示レベルでのわずかな変化でも検知できるものと考えられる．聴神経は強さ弁別に十分な情報を中枢に送っており，中枢部の能力によって弁別閾が制約されていると考えられている．

5 補充現象

　内耳とくに外有毛細胞に障害のある耳では，補充現象（laudness recruitment）を示すことが多い．絶対閾が上昇している障害耳に対して，提示音の音圧レベルを上昇させていくと，絶対閾を超えたレベルから，音の大きさ（laudness）が急速に増大し，健聴耳とほぼ同じレベルで不快閾値に達してしまう現象である．このため，不快閾値と絶対閾の差，つまりダイナミックレンジが狭くなる．この現象は提示レベルの低い音に対しては基底板の振動を増幅して感度を上げるという，外有毛細胞の能動的な増幅機能が障害されたことによるものと考えられている．つまりこのような耳では，小さい音に対する感度は失われるものの，十分大きな音に対しては健聴耳と同じ感度が保たれることになる．閾値の低い聴神経が外有毛細胞の能動的機能の喪失によって閾値が高くなり，小さい音に対する感度が喪失ないし低下するものの，大きな音に対しては閾値の低い聴神経も高い聴神経も働くため健聴耳と同じ感度が保たれるということだと考えられる．

6 聴覚順応と聴覚疲労

　断続音を使って絶対閾を測定し，次にわずかに絶対閾より大きな持続音を提示すると，数秒後には聞こえなくなってしまう病的順応現象がある．いったん持続音を止めて，再度提示すると最初は聞こえるものの，数秒後には聞こえなくなってしまう．持続音に対しては閾値が上昇するものの，音を中断すると閾値はすぐに回復する．蝸牛そのものよりも上位の神経線維に障害がある後迷路性難聴者に多い現象で，聴神経の代謝プロセスに障害が

あるためと考えられる．

7 音の大きさと聴覚フィルタ

　心理的な音の大きさも臨界帯域幅や聴覚フィルタに関係する．多くの部分音を含む複合音を考えると，互いに重なり合わない聴覚フィルタの出力それぞれに対して音の大きさがまず決まり，それらを加算した結果がその複合音の大きさになると考えられている．わかりやすく，物理的な音の強さが等しい2つの部分音からなる複合音を考えてみる．これらの部分音が単一の臨界帯域内にあるときと，互いに重なり合わない別々の臨界帯域にそれぞれが入る場合とを比較する．これらの部分音が単一の臨界帯域内にあるときには，単一複合音としてその物理的強さから Stevens のベキ乗則によって心理的な音の大きさが決まる．しかし，互いに重なり合わない別々の臨界帯域にそれぞれが入る場合には，まずそれぞれの物理的な音の強さが半分になり，それぞれの心理的な音の大きさが決まる．音の強さが半分になると音の大きさは Stevens のベキ乗則により 0.81 倍になる．複合音としての音の大きさは，2つの部分音それぞれの音の大きさを加算した値になるから，1.62倍になる．つまり，2つの部分音が単一の臨界帯域内にあるときより，別々の臨界帯域にそれぞれが入る場合の方が，音の大きさは 1.62 倍大きくなる．複合音の物理的な音の強さは同じでも，部分音が複数の臨界帯域にまたがるかどうかによって，つまり複合音の周波数スペクトルの広がり方に応じて，心理的な音の大きさは違ってくる．複数の臨界帯域にまたがる場合には，それぞれの帯域内の部分音に対して音の大きさが決まり，それらを加算した結果が複合音の音の大きさになるのである．音の大きさを計測する機器ではこのような原理が活用されている．

　ただし音の提示感覚レベルが 20 dBSL 以下であると上記の議論は成立しないので注意する．まず 10～20 dBSL の範囲では物理的な音の強さと心理的な音の大きさがほぼ比例関係にあるため，複数の臨界帯域に部分音が分割されても心理的な音の大きさは変化しない．また，最小可聴値付近（10 dBSL 以下）で複数の臨界帯域に部分音が分割されると，それぞれの帯域内の物理的な音の強さが閾値以下になって検知できなくなる可能性が出てくる．この場合には物理的な音の強さを一定にして周波数スペクトルを広げていくと心理的な音の大きさは減少していく．この現象は複合音の閾値（最小可聴値）にも関連し，物理的な音の強さを一定にして周波数スペクトルを広げて複数の臨界帯域に部分音が分割されるようにすると，閾値は上昇する．逆に言えば，部分音が単一の臨界帯域にまとまる場合にはそれらの物理的な強さが加算されて複合音は検知しやすくなる．

　多数の部分音が重畳している複合音でも，部分音の周波数が臨界帯域幅より離れている部分音は聞き取れることが知られている．部分音の検知に臨界帯域が関与するということである．しかし，部分音を聞き取る能力は，音楽家の方が素人より格段に優れているとか，臨界帯域幅より近い部分音でも聞き取れる場合があるなど，臨界帯域以外の要因も関与すると考えられている．

第12章 音の高さの知覚と認知

第 12 章

音の高さの知覚と認知

　主観的な音の高さはピッチ（pitch）と呼ばれる．このピッチはどのようにして決まるのだろうか．音声のアクセントやイントネーション，ピアノやフルートの音階など音の高さの知覚は音響学の重要な側面である．純音なら周波数，複合音なら基本周波数が決め手になるものの，基本周波数がない複合音でも高さは伝わる．この章では音の高さを知覚する機構と臨界帯域の関係を中心に学び，さらに音色，空間知覚，知覚的体制化の基本を学んでみよう．

1 音の高さの心理的尺度

　周波数が高い純音は心理的にも高く聞こえる．しかし，周波数を 2 倍に上げても，つまり 1 オクターブ周波数を上げても，心理的な音の高さは 2 倍になるとは限らない．Stevens の測定によれば，1 kHz 純音に比較して 2 倍の高さに感じられるのは 3 kHz，逆に半分に感じられるのは 0.4 kHz の純音であるという．0.1 kHz 以上の周波数では 1 オクターブよりももっと周波数を上げないと心理的な音の高さは 2 倍にならない．Stevens は 40 dBSPL, 1 kHz の音の高さを 1,000 メル（mel）と定めて，その半分を 500 メル，2 倍を 2,000 メルとするような心理的な比率尺度を実験的に求め，メル尺度と命名した．図 12-1 に示すように，メル尺度で表した純音の心理的な高さは 1 〜 10 kHz の範囲ではほぼ周波数の対数に比例し，1 kHz 以下の帯域では比率がより緩やかになる．メル尺度は後述の臨界帯域幅と密接に関係し，蝸牛頂からはかった基底板上の共振点の距離によく対応することから，基底板上の共振点の位置が純音の心理的な高さを決める重要な要因であることを示唆する．メル尺度は聴覚信号処理過程を解析する場合に使用されることがある．

2 場所説と時間説

　音の心理的な高さを決める機構として伝統的には場所説と時間説の対立があった．基底板上の共振点の位置が音の心理的な高さを決めるという学説は場所説（place theory）と呼ばれる．場所説に対して，音響波形の特定位相に固定して発火する聴神経インパルスの時間間隔が音の心理的な高さを決めるという時間説（temporal theory）が提案された．5 kHz 以下の純音ではどちらの学説も矛盾しない．5 kHz 以上の純音に対しては位相固定性が観測できないので時間説では説明できない．複合音の高さを検討した結果，音の高さを決める機構は場所説と時間説の双方に関連したより高度なものであることがわかってきた．

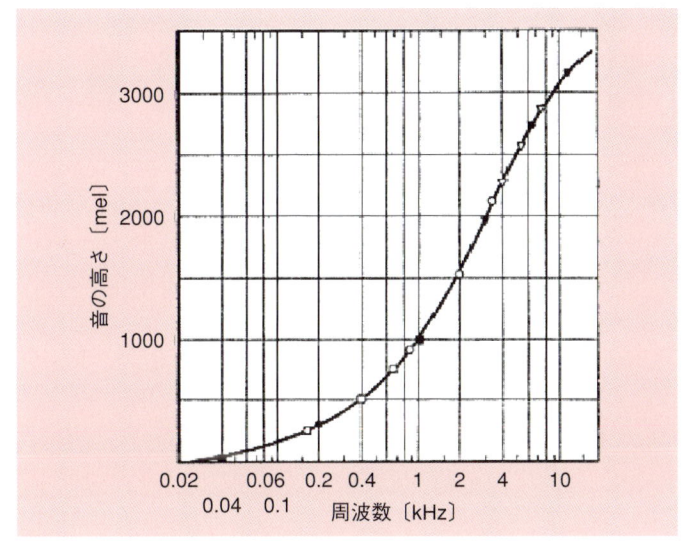

図12-1 メル尺度，純音の周波数と音の心理的高さの関係
　1 kHz, 40 dBSPL の音の高さ＝1,000 メルと決めて，心理的に2倍の高さに感じられる音を2,000 メル，半分の高さを500 メルとする．心理実験によって純音の周波数と音の心理的高さの関係を求めた．1 kHz 純音の2倍の高さに感じられるのは3 kHz，逆に半分に感じられるのは400 Hz の純音である．オクターブとは一致しない．むしろ，蝸牛頂からはかった基底板上の共振点の距離に対応すると考えられている．
（Stevens and Vilkman, 1940）

　周期のある複合音の心理的な高さは基本周波数が決め手になる．この場合，聴神経は複合音の基本周期（基本周波数の逆数）とその整数倍の間隔で発火するから時間説による説明は明瞭である．場所説では基底板の共振点が複合音の各部分音に対してそれぞれ出現し，共振の大きさは各部分音の振幅に応じて変化するから，なぜいつも基音だけが音の高さを決めるのかは明確でない．さらに以下で述べる基音が欠落した複合音の高さの説明がむずかしい．

　基音欠落（missing fundamental）現象とは，基音がなくても複合音の心理的高さが知覚され，それは基本周波数によって決まるという現象がある．知覚される高さは仮想ピッチ（バーチャルピッチ：vertual pitch），残差ピッチ（residue pitch）といわれている．たとえば伝統的な電話を通した音声では伝送経路の特性によって基音がなくなることがある．300 Hz 以下の部分音は伝送されない電話では，基本周波数 100 Hz の男性の声では基音と第2倍音が伝送されない．しかし，声の質は変化しても高さは変わらない（図12-2）．

　バーチャルピッチには多くの研究があり，図12-3に示すような興味深い例が知られている．たとえば，基本周波数が 200 Hz で，その 4, 5, 6 倍音である 800, 1,000, 1,200 Hz の純音だけからなる複合音をつくると，200 Hz の高さが聞こえる．さらに各部分音の周波数を 40 Hz だけ上昇させて，840, 1,040, 1,240 Hz の複合音をつくると 208 Hz の高さが優勢に聞こえる．850, 1,050, 1,250 Hz の複合音をつくると 210 Hz の高さが優勢に聞こえる．さらに興味深いのは，これらの部分音を左右耳に分割して提示しても，また，継時的につまり時間的に重なり合わないように次々に提示してもバーチャルピッチが知覚されることである．このような現象を場所説単独では説明できない．そこで，部分音の周

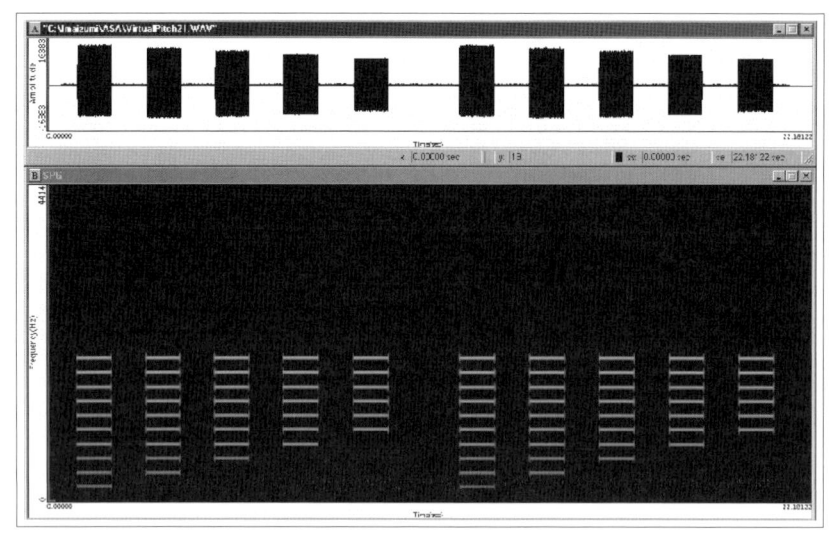

図12-2 基音欠落（missing fundamental）現象
　基音とその倍音の10個の部分音が複合した音から，基音，第2倍音，第3倍音と取り除いていく．音色は変化するものの，複合音の高さは変化しない．

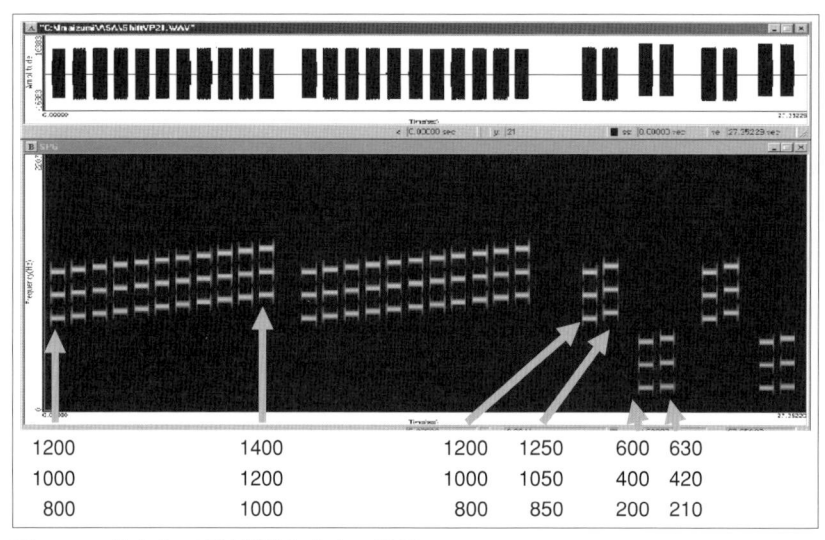

1200	1400	1200	1250	600	630
1000	1200	1000	1050	400	420
800	1000	800	850	200	210

図12-3 複合音の調波構造と高さの関係
　200 Hzの第4，5，6倍音だけからなる複合音に対して，20 Hzずつ周波数を上昇させた複合音を11種類作成する．部分音間の周波数間隔はどれも200 Hzであるものの，複合音の高さは変化する．部分音間の周波数間隔だけでは音の高さが決まらないことを示す．800 Hz，1,000 Hz，1,200 Hzの複合音と850 Hz，1,050 Hz，1,250 Hzの複合音の高さは，それぞれ200，400，600 Hzの複合音と210，420，630 Hzの高さに聞こえる．

波数にできるだけ近い倍音をもつような基本周波数を計算する機構があるのではないかとするパタン認識説が提案された．840，1,040，1,240 Hzは208 Hzの4，5，6倍に近いので，この208 Hzを基本周波数として高さを知覚するというのである．
　現在では，これらの学説を統合した機構が考えられている．つまり，まず場所説が予測するように臨界帯域によって部分音が分解される．次に時間説が予測するように5 kHz以下の部分音に対しては位相固定の特性をもって基本周期とその整数倍の間隔で発火する

聴神経インパルスに符号化される．より中枢に近い段階で，つまり左右耳からの信号を統合した段階で，より多くの臨界帯域間に近似的に共通する時間間隔が優勢な基本周期の候補として抽出される．これに前後の音の効果（文脈的な効果）が加味されて心理的な高さが決まる．

840，1,040，1,240 Hz の複合音に対する聴神経インパルスは以下のような間隔で発火する．

$$
\begin{aligned}
&840\ \text{Hz}：1.19,\ 2.38,\ 3.57,\ 4.76,\ \cdots\ (1.19\ \text{の整数倍})\\
&1{,}040\ \text{Hz}：0.96,\ 1.92,\ \cdot\cdot\ 4.80,\ \cdots\ (0.96\ \text{の整数倍})\\
&1{,}240\ \text{Hz}：0.81,\ 1.16,\ \cdot\cdot\ 4.84,\ \cdots\ (0.81\ \text{の整数倍})
\end{aligned}
$$

これらの臨界帯域に近似的に共通する時間間隔は 4.80 ms で，これは 208 Hz に相当する．4.76，4.80，4.84 ms という周期は 840，1,040，1,240 Hz それぞれの基本周期の 4，5，6 倍になっている．聴覚はこの 208 Hz を基本周波数としてこの複合音の高さを知覚する．

上記のモデルは，5 kHz 以上の周波数帯域では場所で決まる音の高さが，それ以下の周波数帯域ではさらに時間による精緻化がはかられる機構を仮定している．臨界帯域という概念は音の高さの知覚においても重要であることがわかる．このように複数の臨界帯域間に共通する時間間隔を聴覚信号処理に活用しているという考えは，音声知覚や背景雑音に抗して信号検知する機構などを考えるうえでも仮定されている．しかしその生理的な証拠は今のところ不十分である．

3 周波数弁別閾（frequency difference limen）

周波数の ΔF だけ違う 2 音を時間的に並べて提示し，どちらが高かったかを判断させる．正答率が 75％以上になる境界の ΔF を周波数弁別閾という．この値は 1 kHz，60 〜 70 dBSPL の純音では約 2 Hz で，周波数を上げると単調に増加する．音の長さにも関係し，長い方が周波数弁別閾は小さくなる．周波数に対する百分率で表現すると，1 〜 2 kHz で 0.2％程度の最小値になって，2 kHz を超えると増大し始め 5 kHz 以上では 1％を超えるまでに増大する．0.5 kHz 以下でも幾分増大する．1 〜 2 kHz で周波数弁別閾が最小値になるのはこの周波数範囲で位相固定による時間情報が最も正確で，5 kHz 以上で低下するのは場所情報だけに依存するからだと考えられている．

臨界帯域幅より周波数弁別閾が小さいこと，周波数の変化を検知する機能を表す周波数弁別閾と複合音の周波数を分解する機能を表す臨界帯域幅とは違うということに注意しよう．

4 音色

音の高さ，大きさ，音色は音の心理的 3 要素として詳しく研究されてきた．音色は音を出す対象が何であるかを判断するうえで重要な手がかりである．音色は「聴覚上の音の性質で，2 音の大きさおよび高さがともに等しくてもその 2 音が異なった感じを与えるとき，その相違に相当する性質」と定義されている．時間変化のない定常な音ならば，音の高さは周波数の高低と比較的簡潔に対応して 1 次元に並べることができる．音の大きさも音圧レベルと対応して 1 次元に並べることができる．この特徴がメル尺度やホン，ソー

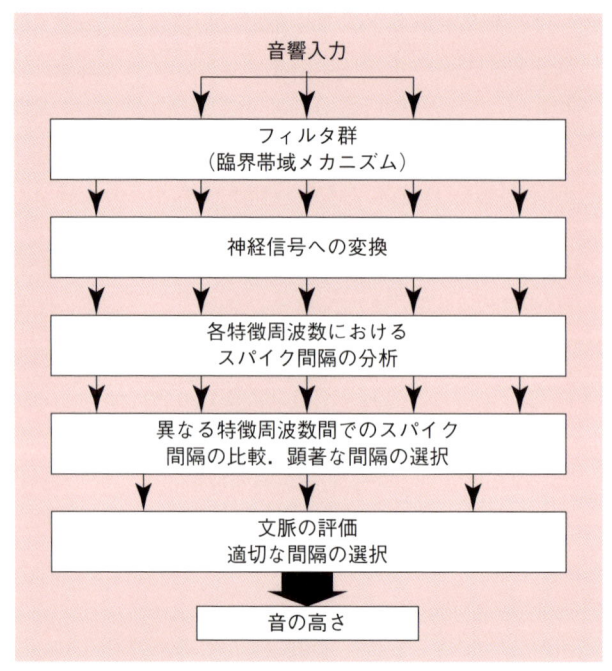

図12-4 音の高さ知覚機構のモデル
　入力された音は臨界帯域によって周波数分解され，それぞれの帯域ごとに聴神経インパルスに符号化される．より中枢に近いレベルで臨界帯域間に共通して出現する時間間隔を優勢な基本周期候補として抽出し，前後音の文脈的効果が加味されて心理的な高さが決まる．
　（「Moore：An Introduction to the Psychology of Hearing, Elsevier, 2004」より一部改変）

ン尺度の基盤となっている．これに対して，定常な音であってもその音色は1次元に並べることが必ずしも容易でなく多次元的である．時間変化のない定常な音でも，理論的には図12-4の臨界帯域フィルタ群の出力の数に相当する次元数だけ多様な音色を考えることができる．時間的変化が音色をさらに多様にする．

　このような理由で，音色を物理的性質と関連づけて小数の尺度で一般的に表現することにはまだ成功していない．しかし，病的音声の声質を記述するGRBAS尺度のように，対象を限定して音色を記述する尺度や表現語が提案され活用されている．また，病的音声以外の分野では，美的因子，量的・空間的・迫力因子，明るさ・金属性因子，柔らかさ因子などの尺度が音色の記述に有効であることが知られている．

5　空間知覚

　聴覚をもつ動物の音源の位置と方向を知る能力，方向定位（localization）は驚くほど高い．

　純音の場合，方向定位の手がかりは左右耳に到達する時間差と強度差である．音波は進行方向に頭のような障害物があってもその後ろ側に回り込む．この現象は回折として知られている．水面の波が杭などの後ろ側に回り込む様子をみたことがあるだろう．波長が頭（障害物）より長い音波ほど，つまり低周波音ほど回折は起こりやすい．高い周波数の音

波は直進性が高く回折しにくい．そのため音波の進行方向に対して頭の表と裏では高周波音の強度差が大きく，20 dB もの差に達する．高周波音に対してはこの強度差が方向定位の手がかりになる．

一方，たとえば音源が左耳に近い方にあれば左耳に先に音波が到達し，右耳に到達する時刻は頭の大きさ分だけ遅れることになる．この時間差が音波の半周期以内であれば左右耳，どちらが先に到達したかの判断には曖昧さがない．しかし半周期に一致すると左耳より半周期遅れて右耳に到達したのか，その逆なのか判断できなくなり，曖昧になる．頭を動かすことによってこの曖昧さを低減できる．頭の大きさより短い周期の高周波音ではさらに曖昧さが増大する．左右耳で同じ位相差になる音源位置が複数ありえることになるからである．1.5 kHz 以下の純音に対しては時間差を，それ以上の周波数に対しては強度差を手がかりに方向定位を行っており，1.5 kHz 付近で最も困難になる．

6 知覚的体制化

叢に潜む捕食者が発したかすかな音を察知して逃げる．動物達にとって聴覚の最も重要な機能は，身の回りから到来するかすかな音でも十分に活用して，何処に何がいてどう活動をしているかを知ることである．背後から急接近してくる自動車をとっさの動きで避ける．ヒトでもこの機能は重要だ．さらに話し手が何処にいて何を表現しているかを知ることももちろん大切な機能である．これらの機能は，音の強さ，高さ，音色，方向感など，音の物理的特性に直結した心理的属性だけからは予測できない複雑さ，高度さをもっている．

空調の音，交通騒音，隣の部屋の話し声，我々の環境にはいつも複数の音が同時に存在するのに，どのようにして聴覚はこれらからの音を混合せず分離して聞くことができるのだろうか．基本周波数の共通性，立ち上がりの共通性，先行音との対比，周波数変化の共通性，振幅変化の相関性，音源定位の共通性など手がかりは複数あることが知られている．

たとえば男と女が同時に母音を発しても，2 人の母音の部分音同士が混合して第三者の声になったり，別の母音になったりすることはまず起きない．図 12-5 の例にみるように，基本周波数の共通な部分音が一まとまりになって，それぞれ男と女の声として分離して知覚されるからである．さらに 2 人のそれぞれの母音に属する部分音はほぼ同時に始まり同時に終了する．またそれぞれの母音に属する部分音は共通の速度で立ち上がり，立ち下がる傾向がある．抑揚や声の揺らぎによる部分音の周波数変化もそれぞれの母音に属する部分音同士では同期して起こる．第 n 倍音の周波数変化は基音の n 倍になるからである．またそれぞれの母音に属する部分音の振幅も互いに同期して相関をもって変化する．2 人の話者と聞き手の位置関係に応じて，聞き手の左右耳におけるそれぞれの母音に属する部分音の位相差と強度差が決まってくる．

このように聞き手の内耳でいったんばらばらに周波数分析されて重なり合った部分音でも，話者つまり音源が違えば，それぞれに分離して統合することが可能なのである．このような機能はもちろんヒトの声に限らず，オーケストラの楽器音や声楽の各パーツの分離，小鳥の囀りと小川のせせらぎなど多様な音源分離に対して有効である．常に完全に分離できるわけではないことに注意しよう．上記のような条件がそろった範囲である程度可能な

図中ラベル:
- 同時に始まり，同時に終わる
- 変化に連続性がある
- 周波数 (kHz)
- 時間 (s)
- 基音と倍音は運命共同体（周波数変化が共通）

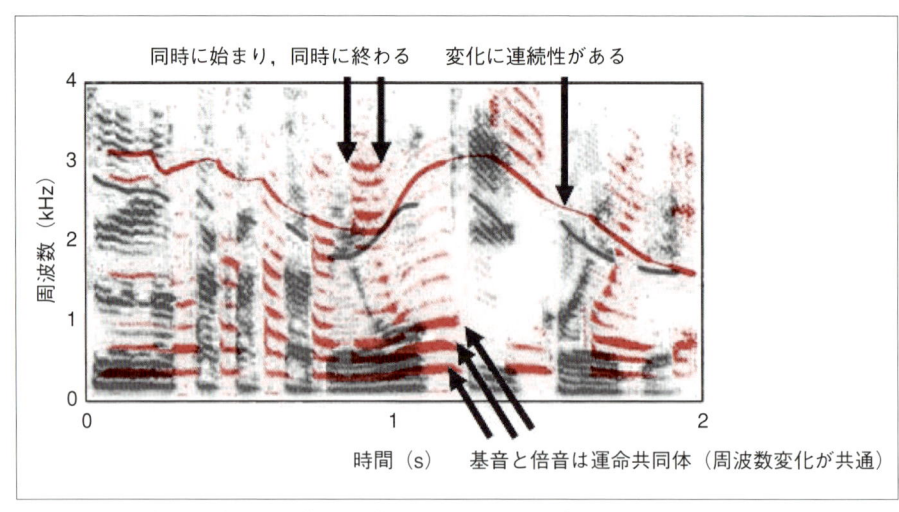

図12-5 男（グレー）と女（レッド）が同時に話した音声のサウンドスペクトログラム
聴覚は複数の音源から出された部分音をそれぞれにまとめあげ，かつ音源を分離して聞き取る能力をもっている．単一の音源から出された基音と倍音は，周波数や強さが相関をもって共変動し，同時に始まり同時に終了するなど，運命共同体を成している．このような特性がそれぞれの話者が発した部分音を振り分けて，かつまとめあげて知覚する機能に寄与していると考えられる．

のであり，聞き手の注意など認知的機能にも関連する現象である．

7 時間パタンの構築

重畳した音源情報を分離できても，それぞれの時間的な音の流れを一貫して構築する必要がある．2人の話者が同時に話す状況でも少なくとも一方の話の流れを追っていくことができる場合が多い．時間軸上で一定の条件を満たす部分音をつないで一貫した音の流れを構築する機能を聴覚はもっている．

この現象はサウンドスペクトログラフ上で考察するとわかりやすい．時間軸上でも周波数軸上でも近く連続性の高い成分同士が融合（fusion）しやすく，遠いもの同士は分裂（fission）しやすい．

音の時間的な流れのなかで，周波数，振幅，定位，スペクトルのいずれか，あるいは複数に跳躍が起こると音の流れは分離しやすくなる．この現象を活用して一つの楽器で複数のメロディーを奏でる作曲をバッハなどがしている．周波数の跳躍が起こってもその間を滑らかな周波数変化でつなぐと音の流れは融合し分裂しにくくなる（Bregman & Dannenbring, 1973）．また分裂した音列間では音の順序を判断することが困難になることも知られている．

後に検討するように音声では，有声音，無声音，破裂音，摩擦音など種類の異なる音が高速でつながる．「赤」という高々300 msの音声にも有声音区間，無音区間，破裂音区間，気息音区間，有声音区間が連続的に出現する．これらの音響区間を計算機で個別に合成して連結したり，別々の話者の音声から切り取ってきて連結しても，各区間がばらばらに分離して一人の話者の「赤」には聞こえない．「赤」という単語音声を生成する音声器官の連続的な運動が生み出す音の連続が必要なのである．この意味で音の流れの形成は言語音

声の知覚に重要な現象である．

8 知覚的体制化の原理

　聴覚による知覚的体制化は，ゲシュタルト心理学者が視覚に対して導出した一般原理がよく当てはまる．ゲシュタルト心理学の「類同の原理」は高さ，大きさ，音色，定位が互いに類似している音が一つの流れに融合することを予測する．「連続の原理」は周波数，強さ，定位，スペクトルが連続していると融合し，急激に変化すると分離することを予測する．「共通運命の原理」は基本周波数，周波数や振幅の時間変化，立ち上がりなどが共通している音が融合することを予測する．これらは図12-5の例で簡潔に説明した．「分離配置の原理」は一つの部分音が同時に複数の流れに属することはないことを予測する．ただし，聴覚では，とくに音声知覚では，この原理には違反する現象があることが知られている．さらに，「閉合の原理」は，たとえば文音声の一部を雑音で置き換えた場合に，置き換えられる前の文音声が連続しているかのように聞こえる現象を予測する．会話音声が断続する強い雑音でマスクされて一部が聞こえないはずの状況になってもマスクされたはずの音素が聞こえる現象は，音素修復（phonemic restoration）として知られている．この現象は音声以外でも生じる．

　知覚的体制化は聞き手の注意や知識など認知的要因によっても影響される．騒音下での会話でも注意を向けたあるいは注意を引く音声の流れは，背景雑音から浮き上がって知覚される．注意を向けた音の流れを図（figure），注意の外にある流れを地（ground）と呼んで区別する．同時に複数の流れの要素に注意を向けることは普通は困難で，図と地にまたがる要素間の順序などを判断するのはむずかしい．

第13章 音声の知覚と認知

第13章

音声の知覚と認知

　歴史を振り返ってみると，ヒトと同じように話し言葉を理解する機械は簡単につくることができると考えられた時期があった．しかし，実際に研究が始まるとすぐにそれは誤った期待であることが判明した．話し言葉は連続的でダイナミックに変化する信号で音素や音節のような言語記号が時間軸上に整然と並んでいるようにはみえなかったし，話者によっても発話状況によっても変動し音素を安定に取り出すことは容易でなかった．ヒトの音声知覚機構の高度さが改めて意識されたのである．以来，音素や音節のようなそれ自体としては意味をもたない記号単位の知覚機構と，語や句，文，談話などの意味を理解する認知機構とが研究されて，様々な学説が提案された．いまだに論争は続いている．比較的最近の歴史的背景を交えながら，興味深い仮説の幾つかを取り上げ，音声情報がどのように理解されるのかを考察しよう．

I 範疇的知覚（categorical perception）

　音圧を徐々に上昇させていくと音の大きさも徐々に増大していく．物理量としての音圧と心理量である音の大きさの関係は連続的である．これに対して言語音知覚では関連する音響量と不連続な対応を示すことが多い．つまり，知覚に関与する音響量を複数の音素にかかわる範囲で変化させた場合，ある区間内で知覚される音素は一定で変化がなく（あるいは小さく）感じられるのに，ある境界を超えるとき知覚が不連続に変化し音素が変わるように感じられる．

　Libermanら（1967）はこの知覚様式を音声に固有な現象と考え，範疇的知覚（categorical perception）と呼んだ．この場合，範疇（category）とは音素概念を指す．彼らは第2ホルマント周波数の遷移パタンを図13-1のように少しずつ変化させた合成音声を聞き取る同定課題を行った．図13-2（左）に示すように，被験者たちはある範囲では/bi/，次の区間では/di/，さらに次の区間では/gi/と同定した．つまり，刺激の連続体はそれぞれが別の音素に対応する3区間に分離し，境界値を超えると同定される音素が不連続に変化した．さらにLibermanらはABX法を用いて弁別課題を行った．ABX法では，F_2上で等間隔に2つの合成音声を選びそれらをA，Bとし，AかBかどちらかをXとする．被験者にA，B，Xを提示し，XはAかBかどちらであったかを判断してもらう．もし，AとBが同じに聞こえ弁別できないなら50％付近の成績になるはずである．逆にAとBが弁別可能なら，成績は50％より有意に高くなるはずである．図13-2（右）に示すように，計測の結果，AとBが別々の範疇に属するとき成績は50％より有意に高く弁別は容易で，同じ範疇に属するときの成績は50％程度で弁別はより困難になった．

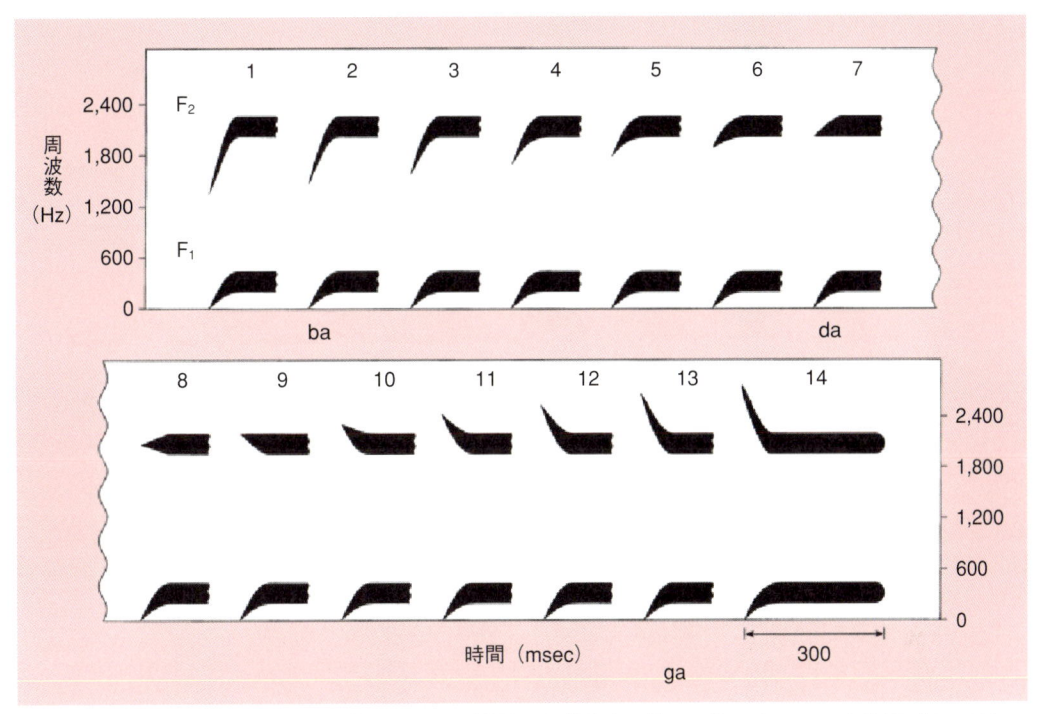

図 13-1 Liberman ら（1957）が使用した 14 種類の合成音声の第 1，第 2 ホルマント軌跡（F_1，F_2）
F_1 はすべて同じで基線から上昇する．F_2 が上昇するパタンは /bi/，平坦なパタンは /di/，下降するパタンは /gi/ と知覚された．

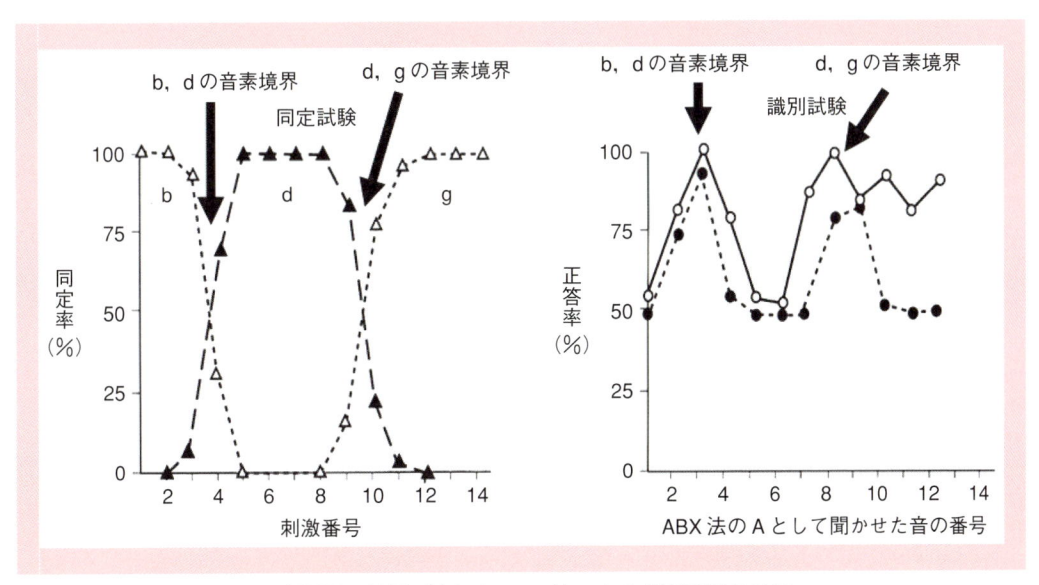

図 13-2 Liberman らの同定課題の結果（左）と ABX 法による弁別課題の結果

　Liberman らは範疇的知覚をヒトに固有の生得的な機能と考え，音声知覚だけに関与する特別な脳機構があると考えた．また，範疇的知覚は母音では生じないとした．しかし，その後，母音でも，また非言語音でも，さらにはヒト以外の動物でも範疇的知覚が生じることが示され，生得性や音声特異性に関しては疑問とされている．また，音素を同定する機構と音同士を弁別する機構とを分離した精緻なモデルで範疇的知覚が説明できることも

1　範疇的知覚（categorical perception）　127

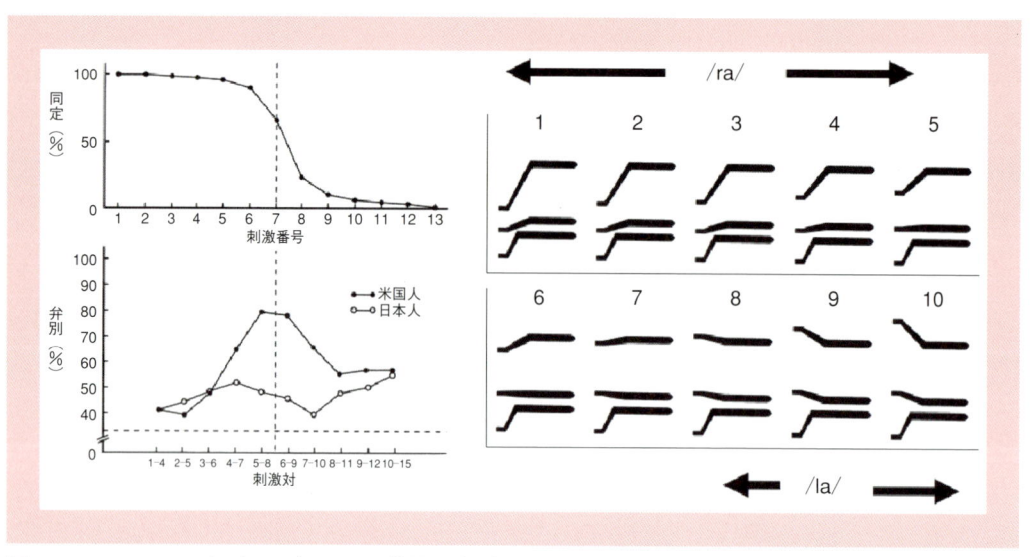

図 13-3 Miyawaki ら（1975）による英語の/ra/から/la/に同定される 10 種類の合成音声による弁別実験の結果
米語の母語話者である米国人と非母語話者である日本人では結果が違った．

示されている．範疇的知覚が現在でも意義をもつのは，同定と弁別の 2 つの基準を明示し，同定される音素が急変する音素境界付近で弁別能が上昇するという音素知覚の基本特性を明らかにしたことにある．この知見は，図 13-3 に示すような母語と第二言語の知覚特性や，乳幼児期の言語発達などに関連して，音声知覚の広範な研究に活用されている．

2　音響的不変量

　たとえば中心周波数 1.4 kHz の破裂音なら必ず/p/と聞こえるというように，この音響的特徴があれば必ず特定の音素に聞こえるといった音響的不変量を見出せるだろうか．
　中心周波数 1.4 kHz の破裂音は後続母音によって/p/や/k/に知覚され，一定しない．また，破裂子音に後続する母音のホルマント遷移は後続母音によって変化するものの，特定の子音に知覚される．つまり同じ音響的特徴をもった音でも別の音素に知覚されることがあり，逆に異なる音響的特徴をもった音でも同じ音素に知覚される場合がある．7 章の表 7-2〜7-4 に示した有声・無声，構音位置，構音様式の違いに対応した音響的特性は比較的安定で代表的な特徴を取り出したもので，音素の音響的特徴は構音結合にみるように音韻環境に応じて変化し，また話者や発話状況によって多様に変動する．
　しかし，音声の生成過程と生成される音声の音響特性の関係には不連続な関係，量子的な関係があって，音声知覚を安定なものにしている可能性がある．範疇的知覚の実験では/b/から/d/，/g/に少しずつ変化する音が使用された．これはコンピュータを使用して合成した音だから可能であった．しかし，人間には/b/と/d/の中間や，/d/と/g/の中間を構音することは不可能に近い．人間に可能な構音によってつくられる破裂音には音響的な不連続性があり，ある範囲内では音響的特性は安定で，ある範囲を超えると不連続に変化するという量子的な関係がある．このような量子的関係が音素の範疇化を助けているという学説を量子説という．

3　プロトタイプ（prototype）

　理想的な範疇的知覚が起これば，同一の音素に同定される音声同士は区別できず，異なる音素に属する音声同士は完全に区別できることになる．しかし，実際の音素知覚は必ずしも理想的な範疇的知覚に従うわけではない．

　訓練された音声学者や言語聴覚士なら，音素としては同じでも音声としては異なる音を正確に分類できる．たとえば/da/と判断される音声でも，典型的な/da/，歪んだ/da/，明瞭度の高い/da/，低い/da/，外国訛の/da/など，様々な/da/らしさを評定できる．

　範疇としての音素には内部構造があって，その中心となる典型的な音声や，典型的ではないもののそれに分類しえる周辺的な音声もあると考えることができる．たとえば母音/i/の典型的音声は非鼻音有声の[i]で，無声化した[i]や鼻音化した[i]などは非典型的音声といえる．プロトタイプ理論はこのような範疇観を採用している．プロトタイプとはその範疇の典型的な中心メンバーのことである．たとえば日本語の/da/を考えると，あらゆる[da]が同等で均質なのではなく，最も/da/らしい[da]から/da/らしくない[da]，あるいは閉鎖の不十分な/ra/のような[da]まで，/da/のメンバーらしさに程度の差がある．周辺例が属する範囲は他の範疇範囲と重なっている場合もありえて，境界が明確に決まっているとは考えない．プロトタイプ理論では，最も典型的なメンバーを核にしてそれと何らかの縁戚関係をもつ周辺メンバーの集合，境界が不確定な集合として範疇を考える．

　プロトタイプは意味の研究から生まれた理論である．たとえば「ほ乳類」という概念では，ヒトや犬，猫などが中心的メンバーであるものの，イルカやコウモリは周辺的メンバーである．周辺的なメンバーと比較して中心的メンバーはプロトタイプ効果として知られる特徴的傾向を示す．つまり，中心的メンバーに対するカテゴリー判断（ほ乳類か否かの判断）は正確で速い．また，幼児がある概念を習得するとき中心的メンバーほど早く習得されるといわれている．

　音素に対するプロトタイプはヤコブソンが提案したと考えられている．母音カテゴリーでは/a/，/i/，/u/，/e/，/o/の順序でプロトタイプ性が高く，たとえば母音が3個しかない言語では上位の3個/a/，/i/，/u/が選択される傾向があり，幼児はこれらの母音を他より早く習得する傾向があるという．これらの母音は構音もホルマント周波数も互いに最も違っており，弁別も容易であるという特徴をもつ．

4　選択説と学習説

　乳児の音声知覚はたとえば空のおしゃぶりを吸わせておいて音を聞かせる方法で調べることができる．おしゃぶりを吸う頻度を計測しながら音を聞かせると音を提示した直後には頻度が上昇し，音に慣れると順応が起きて頻度が低下していく．低下が始まってから2分後に別の音に切り替えると，音が変わったことに気づかなければ頻度は低下し続けるものの，気づけば頻度は再び上昇する．この現象を活用して，米語環境下で養育されている4カ月児が，VOTだけを変化させた/ba/から/pa/にわたる音をどのように聞き分けているかを調べた．その結果，[pa]と[ba]は区別できたものの，/pa/あるいは/ba/のいずれかに属するもののVOTに差がある音同士の区別はできなかった．

乳児の音声知覚を調べる様々な方法が開発され，母語と非母語の区別，日本語なら日本語に特有の音素系列やプロソディの弁別など，母語の多くの特性を生後1年以内に習得していくことが知られている．

　音韻獲得理論における初期の生得説は，世界中の言語で使用される音韻概念をヒトは生まれつき備えており，日本語環境で生育されれば日本語で使用される音韻概念だけを残してそれ以外は捨てられると主張した．音韻獲得を生得的な言語知識の取捨選択であると考えるこの学説は選択説と呼ばれる．

　一方，最近の認知神経科学的研究は新たな学習説を提案している．この学説では，脳は言語音声の統計的構造を検知してその処理に適した神経回路網を構築する潜在的能力を備えていると考える．ヒトの聴覚器官は音声の聴取に有利な特徴を備え，音声器官は精緻で速い運動が可能で様々な言語音声を生成しえるように発達する潜在力を備えている．これらの潜在的機能は他の動物と一部共有する形ではあるもののヒトでとくに顕著に進化し，言語の習得を可能にする基盤となっている．この学説で生得的と仮定されているのは，音韻概念や文法などの言語知識それ自体ではなく，言語習得を可能にする生理的基盤である．

　この学説では，ヒトの乳児は生後1年以内の早い時期に環境言語で使用される音声の統計的性質を検知して音素同定を行う神経回路網を構成すると考える．たとえば日本で生まれた乳児が10カ月未満なら/la/と/ra/の弁別が可能であり，その後成長に伴って不可能になる．当初弁別が可能なのは聴覚の弁別能が高いことによる．その後，弁別がむずかしくなるのは，日本語で使用される音素同定を行う神経回路網が構成されると，/la/も/ra/も日本語の「ら」に同定されて区別しなくなるためであるという視点である．

5　運動説と聴覚説

　音声知覚の運動説（Libermanら，1967，1985）では，聞き手が言語音声から知覚するのは，話者が意図した構音を引き起こす運動指令であると考える．言語音声用に特別にかつ生得的に決められた神経機構を介して知覚と生成は密接につながっており，話者の構音運動指令がこの機構によって音声信号から自動的に検出されると仮定した．音声知覚の運動説は知覚の計算過程を明示しなかったため，知覚のモデルではなく哲学であると批判されたこともある．最近の脳科学は，知覚と生成の密接な関係を示すミラーニューロンの存在を示している．ミラーニューロンは他人のある行動を観測する場合にも，その行動を自分が行う場合にも活動するニューロンで，行動と知覚を共通の神経回路網が受け持つ可能性を示したものである．音声の知覚と生成にもミラーニューロンのような共通の神経回路網が関与する可能性が指摘されているものの，立証は今後の研究に期待されている．

　一方，音声知覚を聴覚から入った音信号を処理して音響的特徴を抽出し，長期記憶にあらかじめ入っている言語音声の基本パタンと照合する過程だと考える立場も多い．このように音声知覚は生成機構を必ずしも参照する必要のない聴覚的過程だと考える学説を聴覚説という．

6　語や文の属性と音声知覚

　健聴者やコミュニケーション障害者の単語音声知覚を調べると，単語の使用頻度，親密

度，心像性，獲得年齢などに影響されることが知られている．使用頻度は日常生活で使用する頻度，親密度はなじみの程度を「なじみがない」から「なじみがある」まで7段階程度の系列範疇法で評定した主観的な評定値，心像性は語の意味を思い浮かべる容易さを主観的に評定した値，獲得年齢は単語を修得した年齢の主観的評定値または客観的測定値である．獲得年齢が低く，使用頻度や親密度が高くて，意味想起が容易な語ほど正確に速く判断できる傾向がある．

音素やモーラ，音節の知覚もこれらの属性に影響される．単独で提示された音節を無意味音節として聞き取る場合より，有意味語のなかに現れる音節を聞き取る方がより正確である．有意味語でもより使用頻度や親密度が高い語の方が有利である．文音声の認知に対しても類似の傾向があり，無意味文より有意味文，有意味文のなかでも頻度の高い構文構造をもつ文の意味理解がより速く正確である．

7 音声知覚の神経回路網モデル

広範囲な会話音声データを集積した音声データベースを活用して音声の統計的な特性を学習して音声認識や音声合成を行う人工神経回路モデルや確率過程モデルが提案されている．これらの多くは工学的な活用を目的としたものであるものの，音声認知過程の計算モデルと考えることも可能で，ヒトの音声認知過程に関する本質的な洞察を提供しているものも少なくない．

音声知覚の神経回路網モデルは脳の神経細胞（ニューロン）の働きを計算機上で模擬したものである．ニューロンはシナプスを介して他の多くのニューロンから入力信号を受け取り，自分の出力を計算する機能をもっている．シナプスを介したニューロン間結合を最適に調節すると，入力と出力の関係を目的に合致した状態に調整できる．音声データベースを活用して広範囲な音声を入力として与え，出力として入力音声に対応する音素列を与えて，ニューロン間結合を最適に調整すると，音声信号から音素列を認識する神経回路網モデルを構成することができる．実用的なモデルでは音声信号の時系列としての特性に適合した複雑な構造が使われる．

このようにして構成された神経回路網モデルは，連続音声から音素を同定でき，学習に使用した言語，たとえば日本語なら日本語に特有の範疇的知覚の特性を示すなどヒトの音素知覚の諸特性を反映することが知られている．

神経回路網モデルは音素知覚のモデルだけでなく，音素と文字，意味の相互関係を計算できる分散協調モデルや，文構造を学習していくモデルなどにも発展している．脳が音韻概念や語彙概念をどのように獲得し，どのように表現しているか，親密度や心像性がなぜ音声知覚に影響するのか，音韻概念に障害が起こるとどのような言語症状が現れるかなど，基本的な疑問を実際に計算して確認することができるまでに発展してきている．

最近の20年間で，機能的 MRI や脳磁図など脳機能を解析する方法が進展して，音声コミュニケーションを行っているときに人の脳がどのように働いているかを解析できるようになってきた．計算モデルの発展や脳科学的な知見の蓄積によって，音を介して言葉や環境を理解する脳の仕組みが徐々に解明されつつある．

第14章

実習課題

Speech-
Language-
Hearing
Therapist

第 14 章

実習課題

I 母音生成時の声道伝達関数

声道の共鳴特性をコンピュータで計算し，それを用いて母音と鼻母音を合成し，人間の音声生成過程を理解する．

① 概要

Windows が起動したら，VTCalcs[注] をダブルクリックしよう．しばらく待つと，画面に 4 種類の VTCalcs ウィンドウが現れる．Vocal Tract CALCulatorS MAIN WINDOW を探しあてたら，まず，New をマウスの左ボタンでクリックしてメニューを出し，from articulatory file model を選択する．画面に種々の母音の声道形状 parameter files が現れるから，aa.lam を選択しよう．すると画面に図 14-1 が現れる．ただし見かけは設定によって違うから気にしない．母音 [a] の声道形状，声道断面積関数（vocal tract area (cm^2）），鼻腔断面積関数（nasal tract area (cm^2）），スペクトル強度（spectrum magnitude (dB)），ホルマント周波数（Hz），バンド幅（Bw (Hz)），ホルマント強度（A (dB)），が表示される窓が用意される．この状態で，Calculate を左ボタンでクリックすると，スペクトル強度が計算・表示される．次に，synthesize を左ボタンでクリックすると音声が合成されて母音 [a] が聞こえる．Replay をクリックすると何度でも繰り返し合成音声を聞くことができる．この状態で see をクリックすると合成音声波形や声門音源波形を視ることができる．

② 課題 1-1.

まず，Main window の new menu から uniform tube model を選択し，calculate-> synthesize-> replay をして，どのようなホルマント特性が得られ，どんな音声が合成されるかを確かめ，表 14-1 に記入しよう．次に，声道断面積のウィンドウで，声門からの距離（distance from glottis）が 9 ～ 17 cm のどこかで，縦軸の数値が 2 の部分にカーソルをあてて，左ボタンをクリックしてみよう．断面積がクリックされた部分だけ，2 cm^2 に変化する．これを繰り返して，唇側が細い音響管（0 ～ 9 cm で 6 cm^2，9 ～ 17 cm で 2 cm^2）を作成し，ホルマントを求め，音声を合成して表 14-1 に記入しよう．同じよう

注：教科書では VTCalcs (Shinji Maeda) の Windows 版 (Christophe Renard) を使用している．
　（http://www.phon.ucl.ac.uk/resource/vtdemo/，または http://www.cns.bu.edu/~speech/VTCalcs.php）からダウンロードできるものと外見は異なるので注意を要する．ダウンロードと使用法は版毎に異なるので各ホームページを参照すること．

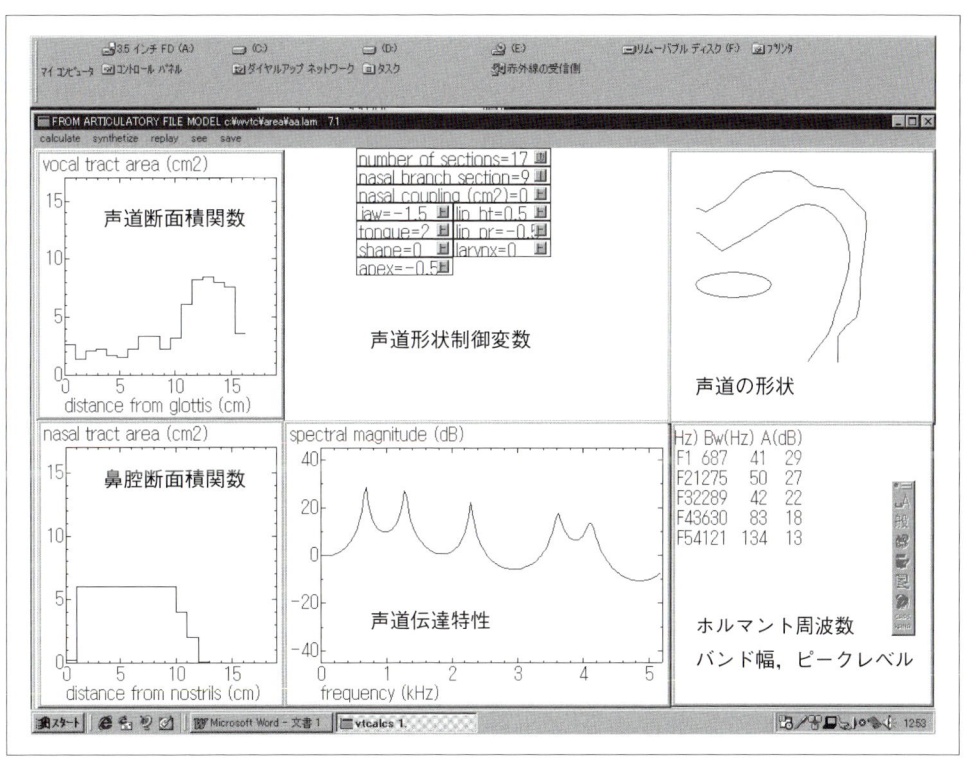

図14-1 VTCalcsによる声道の共鳴特性，ホルマント周波数の計算，母音や鼻母音の合成

表14-1 単一音響管と断面積に変化のある音響管の特性比較

	F1	Bw1	A1	F2	Bw2	A2	合成音声の評価 IPAで記載
一様音響管							
唇側が細い音響管 ($0 \sim 9$ cm：6 cm^2, $9 \sim 17$ cm：2 cm^2)							
声門側が細い音響管 ($0 \sim 9$ cm：2 cm^2, $9 \sim 17$ cm：6 cm^2)							

にして，声門側が細い音響管（$0 \sim 9$ cm で 2 cm^2，$9 \sim 17$ cm で 6 cm^2）に対するデータを求め，3種類の音響管がどのように違うか考察しよう．

③ 課題 1-2.

次に，Main window の new menu から from articulatory file model，aa.lam を選択し，calculate-> synthesize-> replay をして，どのようなホルマント特性が得られ，どんな音声が合成されるかを確かめ，表14-2 に記入しよう．次に，configuration ウィンドウを探して，nasal tract：OFF をクリックして ON にし，さらに，FROM ARTICULATORY

1 母音生成時の声道伝達関数 135

表 14-2 母音 [a] の声道形状に種々の変化を加えた場合のホルマントや合成音声の変化

	F1	Bw1	A1	F2	Bw2	A2	F3	Bw3	A3	IPA 表記
aa.lam										
鼻音化										
顎上昇										
舌前方										
/i/										
/e/										
/a/										
/o/										
/u/										

FILE MODEL ウィンドウの nasal coupling（cm^2）＝ 0 を 0.2 に変更して，calculate-> synthesize-> replay をして，その結果を表 14-2 に記入しよう．次に，nasal tract：OFF にして nasal coupling（cm^2）＝ 0 にもどしたうえで，Jaw ＝ － 1.5 を 1.5 に変更して音声を合成し顎上昇がどのような効果をもたらすかを記入しよう．同じ要領で，tongue ＝ 2 を － 2 に変更したときのスペクトルや音声の変化を表 14-2 に記入しよう．

最後に，aa.lam を出発点として日本語 5 母音として適切な声道形状を作成し，5 母音の声道形状と伝達特性の特徴を論じなさい．

2　母音の音響分析

母音の特性は第 1，2 ホルマント周波数 F_1，F_2 でかなり決まる（「かなり」というのは決まらない部分もあるから）．ホルマント周波数は声道の共鳴周波数のことで，音響管の共鳴で実習した共鳴周波数と同じものである．第 1，2 ホルマント周波数 F_1，F_2 は母音の種類によって，また個人（性や年齢，声道の長さなどの違い）によっても，また，単母音発話，文章，談話などの発話条件によっても変化する．この実習では変化の仕方を調べてみる．

❶ 実習

Windows のスタートメニューからプログラム（P）を選んで「音声録聞見 for Windows」のサウンドスペクトログラムを起動する．

File メニューの open を選んで，フォルダー「先生」[注] のなかのファイル ieaoumale.wav を指定する．波形が現れたら，Play ボタンをマウスの左ボタンでクリックすると，音声を聞くことができる．そのまま，Execute ボタンをマウスの左ボタンでク

注：学生が使用する実習用コンピュータにあらかじめ，東京大学音声言語医学研究施設で開発された音声録聞見 for Windows をインストール（http://www.cd4power.jp/onsei/home.htm）し，「先生」フォルダーをつくって，実習用音声を保存しておく．同様の実習は，使用方法が多少異なるものの，無料ソフト Praat や WaveSurfer でも可能である．

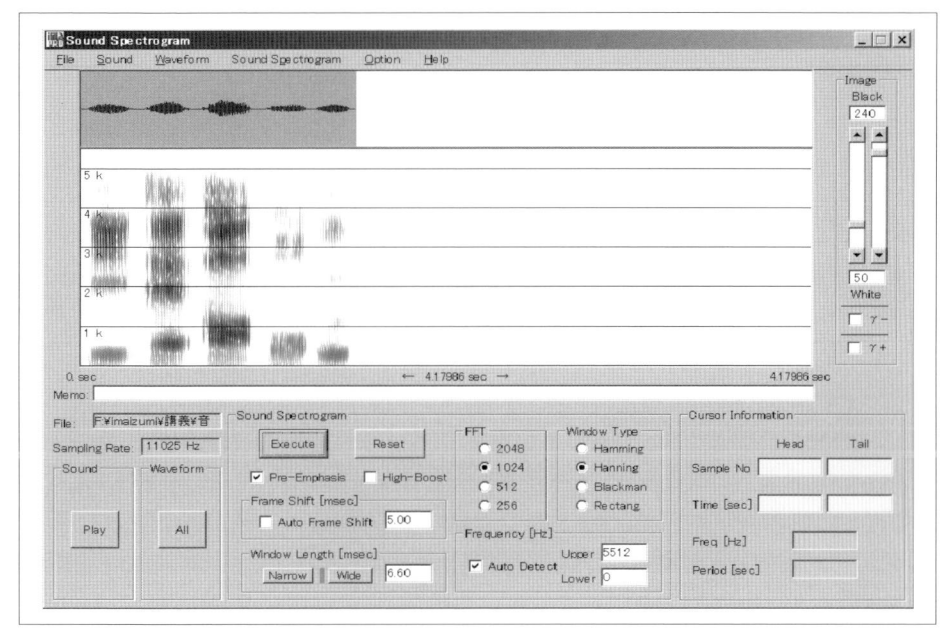

図14-2 「音声録聞見 for Windows」のサウンドスペクトログラム

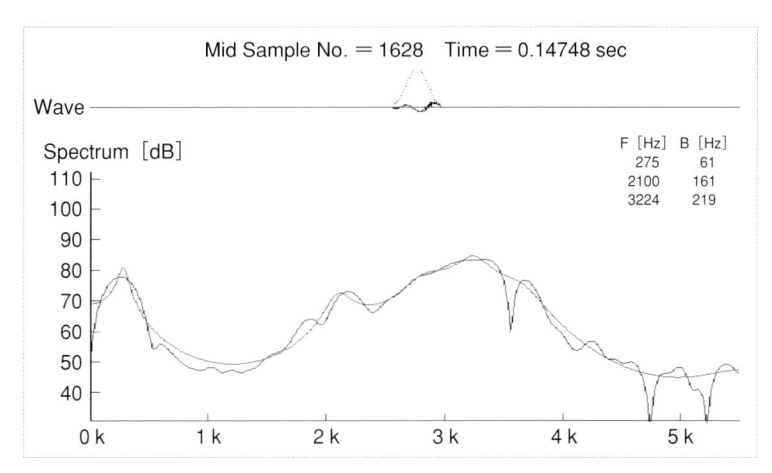

図14-3 カーソルのある時刻のスペクトルとホルマント周波数（F [Hz]）とバンド幅（B [Hz]）
上部の波形は分析対象となった窓を通して切り取られた音声波形．

リックしよう．図14-2の画面が表示される．これが時間分解能が高く周波数分解能の低い（Wideな）サウンドスペクトログラムである．次のNarrowボタンを押して橙色のマーカーをNarrowの左側にもってきて，再度Executeボタンをマウスの左ボタンでクリックしよう．サウンドスペクトログラムが変化する．変化した後のものが時間分解能が低く周波数分解能の高い（Narrowな）サウンドスペクトログラムである．

Wideなサウンドスペクトログラムを表示して，/i/の中央にカーソルをあて，右ボタンを押して上から3番目のSpectrum (at Head) を選び，マウスの左ボタンでクリックする．図14-3が現れるのでホルマント周波数を記録する．図14-3の上にマウスをおいて右ボタンを押して上から1番目のNext Frameを選び，マウスの左ボタンでクリックすると，

2 母音の音響分析 137

次の時刻のSpectrumとホルマント周波数をはかることができる．画面上で右ボタンを押してQuitを選べば，図14-3表示は消える．

❷ 課題 2-1.

区切って明瞭に発話した5母音の第1，2ホルマント周波数（F_1，F_2）を各母音5時刻で測定する．/i/ /e/ /a/ /o/ /u/のように区切って発声し，それぞれのF_1，F_2を測定する．少なくとも2名のデータに加えて，男性（先生の音声：「先生」のなかのファイルieaoumale.wav）のデータもとる．横軸にF_1を，縦軸にF_2をとって5母音の散布図を作成し，以下を検討せよ．

2-1a）高舌母音と低舌母音ではF_1，F_2にどのような違いがあるだろうか．
2-1b）前舌母音と後舌母音ではF_1，F_2にどのような違いがあるだろうか．
2-1c）男性と女性で差はあるだろうか．あるとすればそれはなぜか考察する．

なお，自分の音声を録音するには，以下のようにする．Windowsのスタートメニューからプログラム（P）を選んで「音声録聞見 for Windows」の音声波形編集を起動する．まず，Settingsボタンを押して，Sampling Rateを11025に設定する．OKを押してSettingsを閉じたらRecordを押す．赤が点滅を始めたら，マイクに向かって話す．話し終わったら，Stopボタンを押す．波形が表示される．最後に上部のSend toメニューのSound Spectrogramをマウス左ボタンでクリックする．サウンドスペクトログラムのウィンドウに波形が表示される．

❸ 課題 2-2.

以下の3文章を，それぞれ一息で読んだ場合の「最愛/saiai/」の最初の/i/（/saiai/）と最後の/a/（/saiai/）の第1，2ホルマント周波数（F_1，F_2）を測定する．なお，/i/（/saiai/）はF_1の最小値の時点，/a/（/saiai/）はF_1の最大値の時点でF_1，F_2をはかる．また，両者（iからaまで）の時間差Tを記録する．少なくとも2名のデータに加えて，男性（先生の音声 saiai 1, 2, 3）のデータもとる（表14-3）．

イ）丁寧に明瞭に：「最愛．」
ロ）普通の速さで：「とうとう最愛の人に出会えた．」
ハ）速く：「20歳そこそこでとうとう最愛の人に出会えたなんてひどい錯覚かもしれないと私はとてもとても不安でしかたがなかった．」

/a/および/i/のF_1とF_2はTによってどのように変化するか，考察せよ．

表14-3

発話条件	iaの時間差T	/i/のF_1	/i/のF_2	/a/のF_1	/a/のF_2
イ)					
ロ)					
ハ)					
変化傾向					

3 子音の音響的特徴

子音の音響的特徴は，有声・無声，構音位置，構音様式に応じて分類すると理解しやすい．表14-4には子音の種類を示す．代表的な子音の音響的差異を自分の声で確認しよう．

❶ 実習

（1）起動

Windowsのスタートメニューからプログラム（P）を選んで「音声録聞見 for Windows」の音声波形編集とサウンドスペクトログラムを起動する．まず，音声波形編集のSettingsボタンを押して，Sampling Rateを11025に設定する．OKを押してSettingsを閉じたらRecordを押す．赤が点滅を始めたら，マイクに向かって話す．話し終わったら，Stopボタンを押す．波形が表示される．最後に上部のSend toメニューのSound Spectrogramをマウス左ボタンでクリックする．サウンドスペクトログラムのウィンドウに波形が表示される（図14-4，図14-5）．

（2）波形の区間選択

サウンドスペクトログラムの波形ウィンドウ上で解析したい部分の始めの時刻にカーソルを合わせ，左ボタンをクリックすると，その時刻より前の部分が白くなる．終わりの時刻にカーソルを合わせ右ボタンをクリックすると，それ以後の部分が白くなる．水色の部分が選択される．Playボタンを押すと選択された部分の音声を聞くことができる．Executeを押すと選択された部分のサウンドスペクトログラフが表示される．「Wide」のサウンドスペクトログラフを書こう．

（3）サウンドスペクトログラムの区間選択

サウンドスペクトログラム上の注目する区間の開始時刻にカーソルを置いて，マウスの右ボタンを押しながら右方向へずらし，終了時刻に合わせて右ボタンを離す．カーソルのところに小さなWindowが現れるのでH and T（both audio）を選び右ボタンをクリックする．右下Time［sec］に開始時刻と終了時刻が，Period［sec］にその長さが表示される．

表14-4 種々の子音の有声・無声，構音位置，構音様式の差異

構音位置	唇		歯・歯茎		硬口蓋		軟口蓋		声門	
有声・無声 構音様式	有声	無声	有声	無声	有声	無声	有声	無声	有声	無声
鼻音	m		n				ŋ			
摩擦音	ß	Φ	z	s	ʒ	ʃ				h
破裂音	b	p	d	t			g	k		
破擦音			dz	ts	dʒ	tʃ				
弾き音			ɾ							
半母音	w				j					

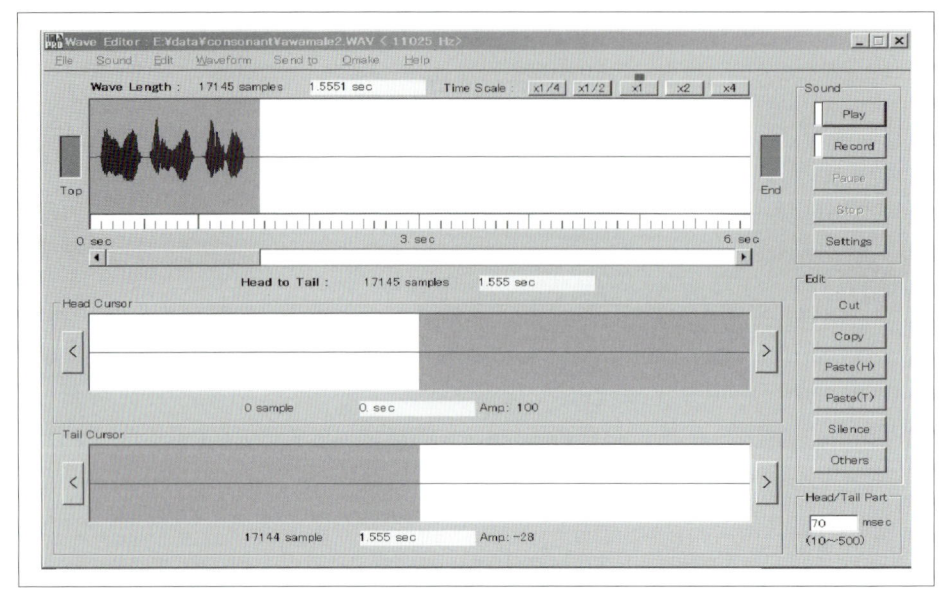

図 14-4 「音声録聞見 for Windows」の音声波形編集画面

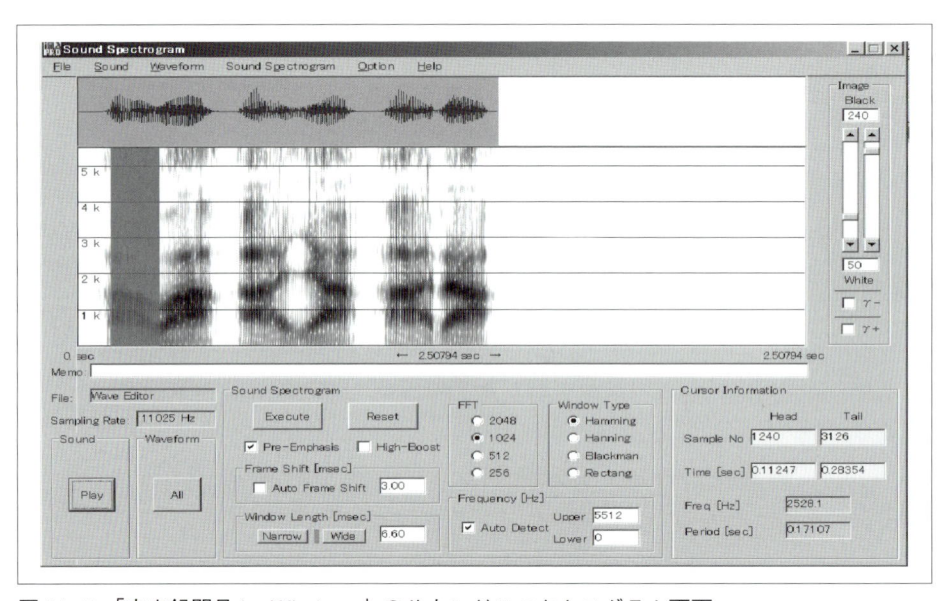

図 14-5 「音声録聞見 for Windows」のサウンドスペクトログラム画面

❷ 課題 3-1.

　表 14-5 にある単語の wide のサウンドスペクトログラフを観測して，各単語の音響的特徴と対比された音群の差異を記入しなさい．

表14-5 子音の音響的特徴

対比	語	特徴（他の語との違いを明示する）
破裂音/摩擦音/破擦音	パパ	
	馬場（ばば）	
	多々（たた）	
	駄々（だだ）	
	かか	
	がが	
	獅子（しし）	
	父（ちち）	

対比	語	特徴（他の語との違いを明示する）
閉鎖音/鼻子音	アパート	
	仇（あだ）	
	粗（あら）	
	尼（あま）	
	穴（あな）	
	朝（あさ）	
	悪者（あしゃ）	

4　プロソディの分析

　プロソディとは声の高さや強さの他に，発話速度やその変化，リズムなど，文字で表現されると消えてしまう音声固有の特徴である．超分節的特徴と呼ばれることもある．日本語のプロソディの2大要素はピッチアクセントやイントネーションである．ピッチアクセントは主として音節間の声の高さの高低で伝達され，海と膿などのように，単語の意味を変える力をもっている．イントネーションは声の高さや強さの時間変化パタンとして観測でき，同じ綴りでも違った意味を伝達する力をもっている．アクセントやイントネーションは方言に応じて変化する．たとえば東京と大阪では意味と声の高低の対応関係が違っており，橋，端，箸も違ったアクセントパタンになる．この実習では声の高さを声の基本周波数 F_0（声帯の振動数）として測定し，その時間変化パタンを解析する．

❶　実習

(1) 起動

　Windowsのスタートメニューからプログラム（P）を選んで「音声録聞見 for Windows」の音声波形編集とピッチ抽出を起動する（図14-6）．まず，音声波形編集の

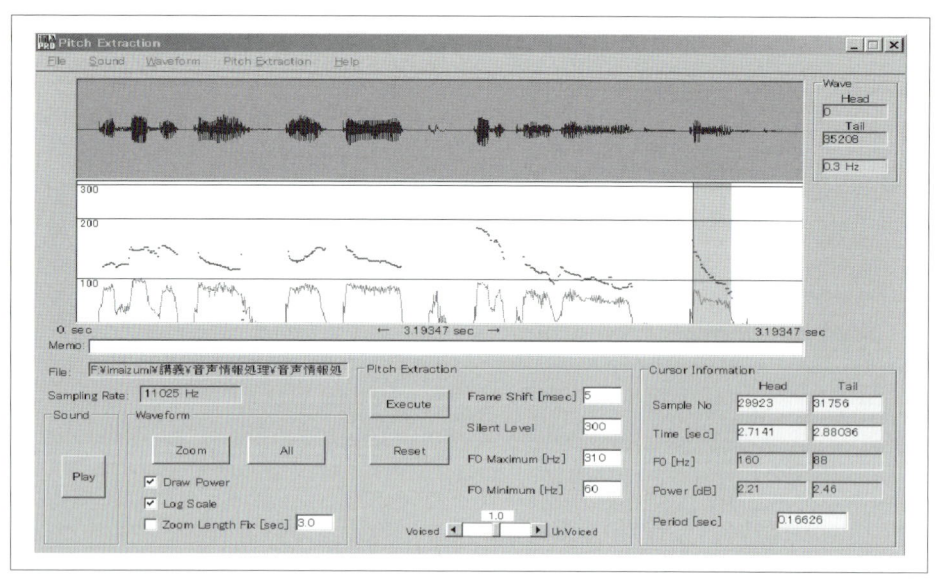

図 14-6 「音声録聞見 for Windows」のピッチ抽出画面

Settings ボタンを押して，Sampling Rate を 11025 に設定する．OK を押して Settings を閉じたら Record を押す．赤が点滅を始めたら，マイクに向かって話す．話し終わったら，Stop ボタンを押す．波形が表示される．最後に上部の Send to メニューの Pitch をマウス左ボタンでクリックする．ピッチ抽出のウィンドウに波形が表示される．ピッチ抽出ウィンドウの Execute ボタンを押すと F_0 の時間変化パタンが赤で音声の強さ（パワー）が水色で表示される．F_0 かパワーの値を読み取るときは，マウスの左ボタンで読みたい時刻をクリックすると，右下に時刻，F_0，Power の値が表示される．マウスの右ボタンで読みたい開始時刻をクリックし押したまま右にずらして終了時刻で離し Head and Tail を選ぶと右下に両時点での時刻，F_0，Power の値とその差が表示される．

❸ 課題 3-2.

対比された単語の下線部分の F_0 パタンをはかり，違いを考察しなさい（表 14-6）．

表14-6 プロソディの分析

対比	語	特徴(それぞれの特徴と互いの違いを明示する)
ピッチアクセント	雨(あめ)	
	飴(あめ)	

対比	語	特徴(それぞれの特徴と互いの違いを明示する)
文構造とイントネーション	甘いのは飴とお芋の両方だよ!という意味で 甘い (飴とお芋)	
	甘いのは飴だけだよ!という意味で (甘い飴)とお芋	

対比	語	特徴(それぞれの特徴と互いの違いを明示する)
態度とイントネーション	ケーキを食べようよと誘うとき 「食べない?」	
	ケーキなんて食べる気にならないときっぱり断るとき 「食べない!」	

参考文献

さらに勉強したい人々のための参考書を以下に示す．研究論文は割愛した．

廣瀬　肇（訳）：新ことばの科学入門（原書：G. J. Borden, K. S. Harris, L. J. Raphael：Speech Science Primer, Forth Edition, Physiology, Acoustics, and Perception of Speech），医学書院，2005.
　　ことばの科学に関する重要で基本的な知識を幅広く紹介している．とくに生理学的な記述が詳しい．

廣瀬　肇：音声障害の臨床．インテルナ出版，日本耳鼻咽喉科学会総会宿題報告，1998.
　　音声障害に関する基礎的，臨床的研究成果をまとめて紹介している．第8章の病的音声の音響的性質をさらに学びたい人に勧めたい書籍である．

レイ・D・ケント，チャールズ・リード（著），荒井隆行・菅原　勉（監訳）：音声の音響分析．海文堂出版，1996.
　　音声の音響的性質を詳細に紹介している．

スチュアート　ローゼン（著），荒井隆行・菅原　勉（監訳）：音声・聴覚のための信号とシステム．海文堂出版，1998.
　　音声や聴覚を理解するうえで必要な基礎的な信号理論を紹介している．

チャールズ・E．スピークス（著），荒井隆行・菅原　勉（監訳）：音入門―聴覚・音声科学のための音響学―．海文堂出版，2002.
　　音声や聴覚を理解するうえで必要な基礎的な音響理論を紹介している．

日本音響学会（編）：音のなんでも小事典．講談社，1996.
　　音への興味を引き立てる肩のこらない入門書である．

インゴ・R・ティツェ（著），新美成二（監訳），田山二朗・今泉敏・山口宏也（訳）：音声生成の科学―発声とその障害―．医歯薬出版，2003.
　　声に焦点を絞った最初の専門書．理論的な解析をわかりやすく説明している．

日本音声言語医学会（編）：声の検査法―基礎編―．医歯薬出版，2005.
　　声の臨床検査法の基盤となる基礎理論を丁寧に解説している．

日本音声言語医学会（編）：声の検査法―臨床編―．医歯薬出版，2005.
　　声の臨床検査の方法と原理を丁寧に解説している．

廣瀬　肇（監修），小松崎篤・岩田誠・藤田郁代（編集）：言語聴覚士テキスト．医歯薬出版，2005.
　　音響学や音声学，言語学をはじめ，心理学，基礎医学，臨床医学など，言語聴覚士に必要な広範囲の基礎理論を解説している．

ジャック・ライアルズ（著），今富摂子・荒井隆行・菅原　勉（監訳）：音声知覚の基礎．海文堂出版，2003.
　　音声知覚の古典的な理論を解説している．

笹沼澄子（編集），辰巳格（編集協力）：言語コミュニケーション障害の新しい視点と介入理論．医学書院，2005.
　　音韻，文字，意味の神経モデルや言語の脳機能などを中心に言語コミュニケーション障害の最新の研究成果を解説している．

T, Chiba & M. Kajiyama：The Vowel, Its Nature and Structure, Phonetic Society of Japan, 1958.
　　音響音声学，とくに母音の生成理論を開拓した古典的名著である．

K. N. Stevens：Acoustic Phonetics. The MIT Press, 1998.
　　音響音声学の創始者の一人が研究成果をまとめた読み応えがある大著である．

K. Johnson：Acoustic and Auditory Phonetics. Blackwell, 1997.
　　音響音声学を簡潔に展開している入門書である．

日本音響学会（編）：聴覚と音響心理．コロナ社，1978.
　　聴覚の仕組みと聞こえの心理学に関する基礎的な理論を紹介している．

重野　純：音の世界の心理学．ナカニシヤ出版，2003.
　　音声や音楽など，音の認知に関わる基礎理論を幅広く紹介している．

日本音響学会（編）：音響用語辞典．コロナ社，2003.
　　音響学に関連する用語の意味を確かめるのに有用な辞典である．

ブライアン・C・モーア（著），大串健吾（監訳）：聴覚心理学概論．誠信書房，1995．
　　聴覚心理の基礎理論を丁寧に説明した入門書である．
Albert S. Bregman：Auditory Scene Analysis. The MIT Press, 1990.
　　音を介した環境理解の仕組みを多彩な実験結果を引用して説明する．かなり分厚く読み応えは十分ある．
石井直樹：音声工房を用いた音声処理入門．コロナ社，2002．
　　音響分析の様々な方法を具体的に説明している．

本書で参考にした音声分析・合成ソフトウエア

　本書で解説した音声分析や実習課題は以下の1～4と自作のUNIX上のソフトウエアを使用した．なお，UNIX用ソフトは配布や使用が簡単ではないので以下には記載していない．5～7も参考にした．

1) VTCalcs（S. Maeda）
　断面積関数や音声器官の動きとして声道形状を制御し，音声を合成することができる．開発者S. Maeda氏の許可を得て，C. Renard 作成によるWindows版VTCalcsを使用した．http://ed268.univ-paris3.fr/lpp/index.php?page=ressources/logiciels から類似の版をダウンロードできる．
　Matlab版：http://www.cns.bu.edu/~speech/VTCalcs.php
　Windows用のVTDemoも参考になる．
　　http://www.phon.ucl.ac.uk/resource/vtdemo/
　　ftp://ftp.phon.ucl.ac.uk/pub/sfs/vtdemo/vtdemo130a.exe

2) 音声録聞見 for Windows（今川博）デイテル（C&Dテクノロジーズ株式会社に移行）配布
　http://www.cd4power.jp/onsei/
　音声の録音，再生，編集，基本周波数やパワー，ホルマント解析，音声合成などが可能なシェアウェア．

3) 音声工房Proおよび音声工房LongData，NTTアドバンステクノロジ株式会社
　http://www.ntt-at.co.jp/product/sp4win/index.html
　　音声の録音，再生，編集，基本周波数やパワー，ホルマント解析など多彩な機能に加えて，音声工房LongDataでは長時間の音声編集に便利な機能を備えている．有料．

4) CSL4500およびマルチスピーチ3700，PENTAXまたはKAYPENTAX
　http://www.pentax.co.jp/japan/products/medical/kay/index.html
　http://www.kaypentax.pentax.co.jp/
　　音声の録音，再生，編集，基本周波数やパワー，ホルマント解析，合成など基本的な機能に加えて，病的音声やIPAのデータベース，コミュニケーション障害者の訓練に活用できるオプションなどもある．有料．

5) SUGI SpeechAnalyzer（杉藤美代子監修），アニモ
　http://www.animo.co.jp/products/analyze/index.jsp
　音声分析の基本的な機能を備えており，音声言語研究から学習教育まで幅広く活用できる．有料．

6) WaveSurfer，スウェーデン王立工科大学（KTH）
　http://www.speech.kth.se/software/
　音声分析の基本的な機能に加えて，IPAなどによる音声記述に便利な機能をもつ．無料．

7) Praat（P. Boersma and D. Weenink）University of Amsterdam
　http://www.fon.hum.uva.nl/praat/
　　音声の録音，再生，編集，基本周波数やパワー，ホルマント解析，音声合成などに加えて病的音声の解析も可能である．無料．

本書で参考にした音声データベース

8) 音声言語医学会：動画で見る音声障害，Ver. 1.0，インテルナ出版，2005.
9) 日本音声言語医学会：耳で診断することばの異常「麻痺性構音障害の評価用基準テープ」，メディカルリサーチセンター，1982.
10) 日本音声言語医学会：耳で判断する音声検査の手引き「嗄声のサンプルテープ」，メディカルリサーチセンター，1981.
11) 日本音声言語医学会：「口蓋裂の構音障害」基礎編及び応用編，インテルナ出版，1999.
12) 天野成昭，近藤公久：NTT データベースシリーズ「日本語の語彙特性」第1巻〜第7巻，三省堂，1999.
13) 佐久間尚子，伊集院睦雄，伏見貴夫，辰巳格，田中正之，天野成昭，近藤公久：NTT データベースシリーズ「日本語の語彙特性」第8巻「単語心像性データベース」，三省堂，2005.
14) 国立国語研究所，情報通信研究機構：日本語話し言葉コーパス，2004.

和文索引

ア
アナログ信号　60, 61

イ
インピーダンス整合　9
インピーダンス整合器　94
位相　12
位相スペクトル　22
位相角　12
位相固定　98
位相差　14
位相特性　38
位置エネルギー　6
韻律　84
韻律的特徴　81

ウ
うら声　87
運動エネルギー　6

オ
オージオグラム　110
オクターブ　28
折り返し歪み　62
音のエネルギー　7
音の大きさ　7, 14, 112
音の大きさのレベル　111
音の強さ　7, 18
音の強さのレベル　17, 18
音圧　3, 4, 7
音圧レベル　18
音韻記号　70
音韻表記　70
音響インピーダンス　9
音響パワー　7
音響的不変量　128
音源　3
音質　84
音声記号　70
音声知覚の運動説　130
音声表記　70
音素修復　123
音素表記　70
音速　3

カ
仮想ピッチ　117
過渡音　16
回折　120

概周期音　16
角周波数　13
確率過程モデル　131
獲得年齢　131
学習説　129, 130
間隔尺度　112
感覚レベル　18

キ
気息声　87
気息性　86, 88
基音　25
基音欠落　117
基本音　16, 25
基本周期　23, 25
基本周波数　25
基本周波数成分　25
基本周波数 F_0　23
逆向性マスキング　106
共通運命の原理　123
共変調マスキング解除　106
共鳴周波数　9, 44
強制振動　7

ク
クリーク　87

ケ
計算モデル　131
言語情報　70
減衰率　8

コ
固有周波数　7
個人性情報　70
交流成分　31
高域強調　65
高速フーリエ変換　64
高調波成分　25, 88
構音位置　72
構音様式　72
国際音声字母　70, 87

サ
サウンドスペクトログラフ　34
サンプリング　61
サンプリング周波数　61
ささやき声　87
嗄声　87
嗄声度　88

最小可聴音圧　110
最小可聴値　102, 103, 110
最小可聴野　110
最大振幅　13, 22
雑音成分　88
残差ピッチ　117

シ
子音　72
使用頻度　130
歯茎音　75
地声　86, 87
耳音響放射　96
自発耳音響放射　97
自発放電　97
自由振動　7
時間説　116
時間窓　31, 32, 65
時間分解能　32, 34, 61
時定数　8
質量　4, 7〜9
実効値　15, 16
周期　13, 15
周波数　4, 13, 22
周波数応答　39
周波数成分　23
周波数選択性　102
周波数特性　39
周波数の場所表示　98
周波数分解能　32, 34
周波数弁別閾　119
瞬時振幅　16
純音　14
順向性マスキング　106
順序尺度　112
初期位相　12, 13, 22
上音　25
心像性　131
心的態度　87
神経回路網モデル　131
振幅スペクトル　22, 23
振幅特性　38
進行波　4
親密度　130
人工神経回路モデル　131

ス
スペクトル　14, 22
スペクトルレベル　102, 103
スペクトル傾斜　28

スペクトル包絡　29
　図　123

セ

正弦波　12,13
成分　23
声質　83,84
声門開放率　47
声門速度率　47
声門体積速度　45
声門体積速度波形　45
声門流の周期　47
絶対閾　110
選択説　129,130
線スペクトル　25
線形　14,38
線形予測分析法　66

ソ

ソース・フィルタ理論　44
粗糙性　88

タ

ダイナミックレンジ　98
ダウンステップ　81
大気圧　4
第 n 高調波　23
第 n 倍音　23
高さ　14,16
弾性　2,7〜9

チ

地　123
中耳反射　94
超音波　14
超低周波数　14
超分節的特徴　81
調音結合　80
調音位置　72
調音様式　72
調波成分　25
聴覚フィルタ　104
聴覚閾値　18,110
聴覚心理的評価　86
聴覚説　130
聴覚的評価　92
聴力レベル　18,110
聴力曲線　110
直流成分　31

テ

デジタル信号　60,61
デシベル　17

抵抗　8
伝達関数　39
伝達特性　39,44,52

ト

トーンバースト　31
トノトピー　98
努力性　88
同時マスキング　102
同調曲線　97
同定課題　126
特徴周波数　7,97

ナ

ナイキスト周波数　61
軟口蓋音　75,76

ニ

ニュートンの運動方程式　12

ハ

バンドパスフィルタ　97
バンド幅　53
パラ言語情報　70
パラ言語的情報　87
パワースペクトル　23
パワー密度　102,103
波長　4
破擦音　76
破裂音　73
歯茎音　75
場所説　116
倍音　25
媒質　3
弾き音　78
発話意図　87
撥音　76
範疇的知覚　126

ヒ

ビット　62
ピッチ変動指数　88
比例尺度　112
非言語情報　70
非言語的情報　87
標本化　61
病的音声　86

フ

フーリエの原理　14
フーリエの定理　22
プロトタイプ　129
プロトタイプ効果　129

プロトタイプ理論　129
部分音　16,22,23
複合音　14,16
分散協調モデル　131
分離配置の原理　123
分裂　120

ヘ

閉合の原理　123
閉鎖音　73
変形エネルギー　6
弁別閾　113
弁別課題　126

ホ

ホルマント周波数　44
母音　70
方向定位　120

マ

マスカー　102
マスキー　102
マスキング　102
マスキングのパワースペクトルモデル　105
摩擦音　76

ミ

ミラーニューロン　130
密度　3,7

ム

無力性　88

メ

メル尺度　116
明瞭度　84

ユ

ゆらぎ　88
有意味文のなかでも頻度の高い構文構造をもつ文　131
有声開始時間　74
有声・無声　72
誘発耳音響放射　97
融合　122

リ

利得　38
粒子速度　3,7
了解度　84
両唇音　75,76
量子化　62

量子化雑音　63
量子説　128
臨界帯域　102
臨界帯域幅　103, 119

ル

類同の原理　123

レ

連続スペクトル　26
連続の原理　123

ワ

ワット　7

欧文索引

数字・英数

1/2 波長音響管　51
1/4 波長音響管　50

A

ABX 法　126
acoustic power　7
AD 変換　61
anti-node, loop　50

C

categorical perception　126
coarticulation　80
component　23
cos 波　13

D

dBHL　18
dBIL　17
dBSL　18

E

EGG　86

F

FFT　64
fission　120
frequency component　23
fugure　123
fusion　122

G

GRBAS 尺度　88
ground　123

H

harmonic component　25
hearing level　18
HN 比　90

I

intensity level　17

L

loudness　14
loudness level　111

M

masking　102

N

node　50

P

phase　12
phase angle　12
pitch　14, 16
pre-emphasis　65

S

sensation level　18
sin 波　13
sound pressure level　18

V

VOT　74

W

Weber の法則　113

【著者略歴】
今泉　敏
いまいずみ さとし

福島県生まれ
東北大学大学院工学研究科博士課程修了（工学博士）
近畿大学医学部助手，東京大学医学部助教授，県立広島大学教授を経て
現在，県立広島大学名誉教授，東京医療学院大学客員教授，
千葉大学フロンティア医工学センター特別研究教授，
理化学研究所脳科学総合研究センター客員研究員，滋慶学園東京医薬専門学校顧問，
国際医療福祉大学非常勤講師

言語聴覚士のための音響学　　　ISBN 978-4-263-21267-7

2007年2月20日　第1版第1刷発行
2019年1月10日　第1版第9刷発行

著　者　今泉　　敏
発行者　白石　泰夫
発行所　医歯薬出版株式会社

〒113-8612　東京都文京区本駒込1-7-10
TEL. (03)5395-7628(編集)・7616(販売)
FAX. (03)5395-7609(編集)・8563(販売)
https://www.ishiyaku.co.jp/
郵便振替番号　00190-5-13816

乱丁，落丁の際はお取り替えいたします　　印刷・壮光舎印刷／製本・愛千製本所
©Ishiyaku Publishers, Inc., 2007. Printed in Japan

本書の複製権・翻訳権・翻案権・上映権・譲渡権・貸与権・公衆送信権(送信可能化権を含む)・口述権は，医歯薬出版(株)が保有します．
本書を無断で複製する行為(コピー，スキャン，デジタルデータ化など)は，「私的使用のための複製」などの著作権法上の限られた例外を除き禁じられています．また私的使用に該当する場合であっても，請負業者等の第三者に依頼し上記の行為を行うことは違法となります．

JCOPY　〈出版者著作権管理機構　委託出版物〉
本書をコピーやスキャン等により複製される場合は，そのつど事前に出版者著作権管理機構(電話 03-5244-5088，FAX 03-5244-5089，e-mail：info@jcopy.or.jp)の許諾を得てください．